大学科普丛书

第二辑 付梦印主编

Random Notes of the Tengger Desert

沙都散记

陈舜瑶◎著

科学出版社

北　京

内 容 简 介

20 世纪 50 年代，为配合内地与西北交通大动脉建设，来自中科院、铁道部、林业部的科技工作者齐聚宁夏中卫县沙坡头地区，共同研究如何防治铁路沙害。谁也没料到，这项工作竟然持续了 30 多年，前后五代人驻守在沙坡头日以继夜地奋斗，最终在理论和实践上都完美解决了铁路沙害这一令人生畏的难题。沙坡头治沙工程也成为世界公认的"人类治沙奇迹"。

本书作者深入沙坡头，忠实记录了治沙的曲折历程。全书反映了科技工作者义无反顾知难而上的爱国敬业精神和严谨求实突破创新的科学精神，总结了治沙经验和规律，传递了生态环保理念，对我国环境保护与治理乃至"生态文明建设"具有重要意义，适合社会公众阅读，也是生态环保工作者的参考资料。

图书在版编目（CIP）数据

沙都散记 / 陈舜瑶著.—北京：科学出版社，2022.5
（大学科普丛书）
ISBN 978-7-03-068465-3

Ⅰ．①沙…　Ⅱ．①陈…　Ⅲ．①沙漠治理-概况-中卫县
Ⅳ．①P942.434.73

中国版本图书馆 CIP 数据核字（2021）第 052085 号

丛书策划：侯俊琳
责任编辑：侯俊琳　唐　傲 / 责任校对：韩　杨
责任印制：师艳茹 / 封面设计：有道文化

科 学 出 版 社 出版
北京东黄城根北街 16 号
邮政编码：100717
http://www.sciencep.com
三河市骏圭印刷有限公司 印刷
科学出版社发行　各地新华书店经销
*
2022 年 5 月第 一 版　开本：720×1000　1/16
2022 年 5 月第一次印刷　印张：13 1/4
字数：177 000

定价：58.00 元

"大学科普丛书"第二辑编委会

总　序

在 2016 年 5 月 30 日召开的"科技三会"上，习近平总书记强调："科技创新、科学普及是实现创新发展的两翼，要把科学普及放在与科技创新同等重要的位置。"①这是党和政府在全面建成小康社会、实现第一个百年奋斗目标进程中，对科学普及重要性的定位。之后的 2018 年 9 月 17 日，习近平在给世界公众科学素质促进大会的贺信中再次强调："中国高度重视科学普及，不断提高广大人民科学文化素质。中国积极同世界各国开展科普交流，分享增强人民科学素质的经验做法，以推动共享发展成果、共建繁荣世界。"②贺信中指出，做好中国科普工作对于推动构建人类命运共同体具有重大意义。

如今，我们完成了第一个百年奋斗目标，正在向第二个百年奋斗目标迈进，努力实现中华民族伟大复兴的中国梦。一个民族的崛起，是建立在科学技术充分发展的基础上的。科学技术的发展，不仅表现为高新技术的不断涌现，基础科学的日新月异，更重要的是表现为全民族科学素质的大幅提高。因此，科学普及是与科技创新同等重要但更基础的工作。只有坚持不懈地普及科学知识、推广科学技术、倡导科学方法、传播科学思想、弘扬科学精神，才能提高中华民族的整体科学素质，为科技创新提供持久的内生动力。随着中国日益走向世界舞台的中央，中国的科普事业将不仅惠及中华民族，也将惠及世界人民。

科普包含三个层面，一是知识和技术的普及，二是科学文化的传播，三是对受众科学精神的塑造。《大学科普》杂志秉承"普及科学知识 树立科学理念"的指导思想，强调"用文化普及科学""用科学塑造灵魂"。这种创新性的理念，使其更具人文内涵，也吸引了一大批关心和参与科普事

---

① 习近平 为建设世界科技强国而奋斗——在全国科技创新大会、两院院士大会、中国科协第九次全国代表大会上的讲话. 北京：人民出版社，2016.

② 新华网 习近平向世界公众科学素质促进大会致贺信 http://www.xinhuanet.com/2018-09/17/c_1123443442.htm[2020-09-16].

业的专家学者，成为推动当前科普事业发展的重要力量。"大学科普丛书"就是这些专家学者科普成果的集中展示。

"大学科普丛书"由重庆市大学科学传播研究会和科学出版社共同策划出版，遵循普及科学知识为基础、倡导科学方法为钥匙、传播科学思想为动力、弘扬科学精神为灵魂、恪守科学道德为准则的宗旨，通过聚焦科学热点问题，集合高校科协科普优质资源，凝聚知名专家学者，秉承"高层次、高水平、高质量"的优良传统，发扬"严肃、严密、严格"的工作作风，以高度的社会责任感和奉献精神，精心组稿创作而成。

2020 年 5 月"大学科普丛书"第一辑 12 种图书出版完毕，内容涉及多个学科领域，反映了当前的科技发展和深刻的人文思考，风格清新朴实，语言平实流畅，真正起到传播科学思想、弘扬科学精神、激发科学热情的作用，深受广大读者青睐。丛书面世后，不仅受到广大读者的欢迎和肯定，还获得多项国家级奖励和荣誉：如《极地征途：中国南极科考日记档案》入选中宣部主题出版重点出版物、国家出版基金项目，《动物世界奇遇记》获得全国优秀科普作品奖、中国科学院优秀科普图书奖，等等。

在总结第一辑经验的基础上，第二辑的图书将更多汇集来自高校和科研机构的优秀作者，以科学技术史、科技哲学、科学学、教育学和传播学等学科为支撑，将自然科学和人文社会科学深度融合，力求带给读者全新的科普阅读体验。

我们诚挚希望有更多热心科普事业的专家学者加入，勠力同心，共同推动大学科普事业的发展，以培养更多的具有深厚科学素养、富有创新精神的大学生，并借此探索一条全面提升中华民族科学素质、推动中国科技发展的新路径！

中国工程院院士

中国材料研究学会副理事长

重庆市科学技术协会主席

2020 年 8 月 31 日

第三版序

　　1988 年 9 月的一个周日下午，陈舜瑶先生敲开了我的家门，这是在中国科学院兰州沙漠研究所行政小院由仓库改建的供新近到职研究生家庭暂时居住的一间房子。陈先生说明了来意：她写的《沙都散记》基本脱稿了，稿件主要是记录了从 20 世纪 50 年代开始，几代治沙人历经 30 年，在腾格里沙漠东南缘的沙坡头地区，开展包头—兰州铁路沙害防治所进行的科学研究和实践成果，以及其中的精神和理想。由赵兴梁先生、刘恕先生等建议，她希望了解年轻群体对沙坡头防沙工程和沙漠科学的认识。按陈先生的标准，刚博士毕业的我属于"第五代治沙人"。陈先生与我谈话一个半小时，特别提到她对前几代治沙人的敬佩。临别时对我说，你们年轻人赶上好时光，要向老同志们学习，为沙漠事业多做贡献。1999 年 7 月，陈先生送我一本签名的《沙都散记》，并再次嘱咐说，希望能从几代治沙人的精神和业绩中获取信心和力量。我多次通读这本书，书中的许多前辈在现实生活中对我们年轻人言传身教，使我从中感悟到在艰苦环境中做艰苦的工作需要特别的精神和充实的理想，这也是指导、鼓励和帮助我博士研究生毕业后一直以兰州为大本营，从事沙漠和沙漠化研究与实践的最好的教科书。

　　转眼又一个 30 年过去了，根据刘恕先生的提议，科学出版社将出版第三版《沙都散记》，希望更多的年轻读者从中了解铁路防沙的科学知识和勤奋创业的科学精神，了解中国沙漠科学从沙坡头起步的光荣历史和先驱人物，特别是要将艰苦奋斗、开拓创新、吃苦耐劳、勇于奉献的精神——可以称之为"骆驼精神"——一代接一代地传下去。

　　前几代治沙人放弃优越的工作和生活条件，响应党的号召，到边疆去，到艰苦的地方去，到祖国最需要的地方去，他们满怀理想和热情，为祖国的防沙治沙事业、为沙漠科学的开拓发展，奉献了青春、智慧乃至生命，做出了可以彪炳史册的功绩，并使流沙固定理论和技术一直领先国际水平，使沙漠和沙漠化研究和实践位于世界前列。其中，有从东北来到西北指导工作的刘慎谔先生、朱济凡先生，有来自南方扎根西部的李鸣冈先生、赵性存先生等；有从苏联留学回国直接参加中科院治沙队的朱震达先生、刘恕先生和田裕钊先生；以及整个团队西迁至沙坡头和兰州安营扎寨的，如中国科学院原沈阳林业土壤研究所生物组的刘媖心、黄兆华和陈隆亨等先生由东北来到沙坡头，中国科学院北京地理所朱震达先生带领沙漠研究室团队由北京来到兰州参与成立了中国科学院兰州冰川冻土沙漠研究所。《沙都散记》中进行了详细的描述和总结，对年轻群体是很好的教育和启迪，即：无论做什么事情，精神和理想是动力的源泉。

　　60 多年来，在几代科技人员的不懈努力下，中国沙漠科学从无到有，在填补学科领域空白并取得长足进展的同时，沙漠化研究又以其创新性和系统性的理论进展以及经济、社会和环境效益的实践成果，极大地充实了这一门科学。沙漠科学是将受风沙灾害的区域作为完整的生态环境社会经济综合体，开展防沙治沙和资源利用研究的一门科学；是一个有宏观地域性、学科综合性和应用实践性的学科领域。沙漠科学为西部地区水、土资源合理开发利用、风沙灾害和沙漠化土地防治、经济社会建设和生态环境修复做出了突出的贡献，取得了获得过包括"国家科学技术进步奖特等奖"在内的荣誉的一大批科研成果和数百亿元的直接经济效益。已形成了以中国科学院和国家林草局有关研究所为主体的国家级沙漠和沙漠化研究机构，汇集了一批优秀的沙漠和沙漠化科学家，创建了我国比较完整的沙漠科学及其研究体系，在风沙物理与沙漠环境、沙漠形成演变与全球变化、沙漠化过程及其防治、沙区资源利用、生态环境修复和区域可持续发展等方面取得了重大进展，积累了丰富的研究资料和数据。在全国主要沙漠和沙漠化地区建成了一批长期野外观测试验研究站(点)，为国家在有关沙漠资源开发利用和沙漠化防治方面的决策提供了大量的理论依据和技术支撑。60 多年来沙漠与沙漠化科学研究和实践所取得的辉煌成就，得到了政府、地方民众、科技界和国际同行的普遍认可。

　　30 年前，陈舜瑶先生写道：第五代治沙人是呛着迎面风沙走上沙丘的，他们有时被朔风吹得摇晃一下，或者被粉沙迷了眼，但终于鼓着勇气走上来。30 年后的今天，我们可以高兴地向陈先生汇报：第五代治沙人和第六、第七代都"走上来"了，他们秉承前几代治沙人的精神，以前辈为榜样，继续战斗在祖国的风沙第一线。他们在前人成果的基础上，在地球表层科学的理论框架下，围绕干旱、半干旱风沙区生态环境建设和社会经济发展，开展沙漠环境与演变、风沙运动规律与风沙地貌、沙区生态环境与资源开发利用、沙漠化过程及其防治，风沙灾害与防沙治沙工程等理论研究和技术研发，为西北风沙地区的社会—经济—生态可持续发展提供科学依据和技术支撑。

《沙都散记》成书于 30 年前，一方面是为前几代沙漠人的精神和业绩树立一座丰碑，另一方面是教育后来者要继承发扬这种"骆驼精神"。正如陈舜瑶先生所期望的：比起前几代，第五代治沙人也许是较幸运的，他们受过良好的专业训练，多数是研究生和大学毕业生。他们适逢开放和改革的时代；他们有前辈人的指引和扶助，有几代奋斗所创下的业绩和基础，他们可以站在更高的起点上，向更高的目标迈进。第五代治沙人和沙漠学工作者任重道远，漫长的科学之路正期待着他们去攀登，他们前程远大。在这里，我想代表第五、第六、第七代治沙人表示，我们非常荣幸地肩负着陈舜瑶先生的殷切期望，传承"骆驼精神"，努力和奉献，为我国的沙漠科学的发展、沙漠化的防治、风沙灾害的治理、区域可持续发展做出应有的贡献。

2020 年 10 月于兰州

第二版序

（一）

陈舜瑶同志的《沙都散记》于1990年5月由甘肃人民出版社出版，至今已过去了十多个年头。《沙都散记》通过中国科学院沙坡头科学试验站的创业记事，真实生动地反映了科学探索的艰辛和乐趣，是一本难得的好书。但这本售价便宜，印刷和装帧简朴的好书，早已在书店中找不到了。应当感谢有见地的甘肃教育出版社能将它再版发行。由于《沙都散记》中写到的人和事，都是我熟悉的，且多半是有直接的接触和了解，因此有一些鲜为人知的情节，总是在重读《沙都散记》的时候涌满心头。作为这本书的一个忠实读者和"知情人"，在此次《沙都散记》再版之际，更抑制不住回忆与联想。

陈舜瑶同志的《沙都散记》的再版，是一本优秀科普读物的重印，能使更多的年轻读者从中了解铁路防沙的科学知识和感受勤奋创业的科学精神，告诉人们，在严酷的自然条件下，学习、借鉴、探索、试验、研究和求得理性认知，才是沙坡头铁路防沙成功的根本之路。《沙都散记》更是一幅展示试验站在半个世纪中五代科技工作者科研历程的历史画卷，作者真切地记述了实际事物本来面目，告诉人们，一个复杂科研课题的完成，需要群体再接再厉的坚忍不拔和尊老爱青、同舟共济的团队精神。忠实于历史过程，求是于科学，通过事实真相的了解、明辨事物真伪，使这本纪实性作品在时过十多年之后，在同类作品中仍具有独到的价值，不能不说这也是作者的创作的成功。

（二）

《沙都散记》创作的成功，首先取决于作者严肃认真、求真务实的写作态度。作者为了了解科学试验的内容，总是以如小学生求知般的精神，对于不同防沙试验方案的原理、自然表象的原因、科研数据的连续性和测试仪表的科学性，刨根揭底以求明了。在记述一件事时，对过程的先后，涉及的人物、情节和看法，不同的交谈对象有各自的表述，以及在回忆往事中，免不了的因个性化好恶和记忆力差异造成分歧时，陈舜瑶同志总是本着"明察之道在于兼听"的原则，反复地询问"当事人"，核查失实、失真和遗忘、疏漏，力求真实和圆满。这种深入调查和反复核实，耗去了作者不少的时光。正因如此，得来的真凭实据经得住时间的考验。众所周知，沙坡头铁路防沙工程，由于防沙体系配置得当，施工和管护周到细致，业已取得公认的防沙效果。其中，凝聚着五代科技工作者、施工建设和管护人员的心血和汗水。沙坡头铁路防沙工程是真正意义上的集体智慧、协同努力的结晶。作者在记述中十分重视这点，例如，在涉及铁路防沙工程中的重要措施——机械沙障固沙的铺设过程，本着忠实于历史，忠实于事实的原则，把"草方格"的设计、研究对比，施工完善中科研人员、工人和工程技术人员，包括外国专家的执着努力和贡献，都包揽无遗地给予了肯定，周详地交代了谁人，在什么时候，做了什么事。这种历史真实的交代与记载，不仅能对某些影视作品和纪实文学中的演义和少知①予以纠正，以免谬种流传贻笑大方；更以生动的实例表明，在半个世纪以前，我们就采取了引进、借鉴外国的科学技术，并结合自己的实际条件予以消化吸收，这样一种健康的做法。实际上，《沙都散记》记述的事实，得到过亲历、亲见、亲闻的当事人认同。刘媖心、赵性存两位先生都有专门的记述："为了保护固沙植物栽植后免遭风蚀沙埋，1956年我们沿用章古台治沙的经验——平铺麦草。这种固沙方式虽有一定效果，但仍有风蚀。1957年我们引进苏联中亚铁路采用多年的半隐蔽式沙障（即现在我们简称为平铺式沙障），在沙丘上做了不同规格的比较试验，创造出流沙区沙

---

① 一部电视片里，把沙坡头固沙采用的草方格沙障的设计、研究过程演义成是一位当地农民形象的人，面对风沙的肆虐，在一气之下，愤怒地把铁锹插在沙丘上，结果不经意地把铺在地表面的麦草立栽了起来，形成了沙障，创造了"草方格"。在一部著作中，由于作者的寡闻，写道："一些报道中说草方格是科研部门'创造''研究'出来的。但大量的历史资料中找不到最初研究草方格的有关记载、论文和设计方案。""还有人说麦草方格是外国专家来沙坡头考察时介绍过来的。但在浩繁的科技资料和有关文献中，我始终没有找出这样的例证。"（见《沙坡头·世界奇迹》一书，第 126 页。）

丘各部位上全面扎设草方格沙障，方格大小1米见方最好，沙面风蚀轻微，对苗木保护好。"（引自刘媖心《沙坡头流沙治理科研三十年》，载于《中卫文史资料》第五辑，1993年3月印行）。"草方格沙障是苏联专家м. д. 彼得洛夫在1957年介绍到我国的。他亲自在试验路基作过施工示范。"（引自赵性存《包兰铁路中卫至干塘段沙漠路基的修筑》，载于《腾格里沙漠沙坡头地区流沙治理研究（二）》，宁夏人民出版社1991年出版）。笔者在此愿意补加一笔：有关草方格在流沙固定中的应用，苏联科学家的著作中早有论述。（1950年出版的《流沙的固定》，作者彼得洛夫，草方格照片见该书俄文版第213页。1954年出版的《荒漠的面貌》，作者费多罗维契，草方格沙障的照片见该书俄文版第272页。以上两书均有中文版。）

（三）

《沙都散记》据实记载了沙坡头治沙事业的历程，在字里行间流露出作者对科学、科学精神和科技工作者，对长年累月在艰苦的环境中从事治沙研究和试验的人们，充满尊重和热爱，对取得的科学结论和成就由衷地愉快。尽管情文并茂，但真切的语言朴实无华，绝无虚夸和浮躁。与那些为了烘托"沙坡头奇迹"而想象出的1977年联合国荒漠化会议上的一段场景①相比，真可谓趋舍所尚，耳目之欲，天壤之别。

笔者有幸为1977年内罗毕联合国荒漠化会议参加者之一，对中国代表团在这次会议前后的活动情况至今记忆犹新。因为1977年特殊的历史背景，中国代表团提供的三个报告，并不符合大会力主研究的主题，即共同抗御日益严重的环境退化——土地干旱和荒漠化问题。因而，不存在中

---

① 《沙坡头·世界奇迹》书中第15页上写了一段1977年联合国荒漠化会议上的场景："1977年8月，地球永远铭记的一个伟大瞬间。全球沙漠化会议在肯尼亚首都内罗毕召开。世界各国的代表和专家学者们聚集一堂，研究我们这个星球日益紧迫的沙漠化问题，共同商讨治理沙漠的全球战略。中国代表从容地走上讲坛，向世界各国介绍中国沙漠和沙漠化问题的现状及其治理的成就……中国科技工作者和人民群众一起在实践中创造出了'麦草方格'固沙法，运用工程措施与生物措施结合的原则，成功地解决了沙坡头铁路两侧流动沙丘的固定问题。使包兰铁路自1958年8月1日正式通车以来畅通无阻。有效地制止了腾格里沙漠的南移，出现了人进沙退的局面……会场上响起了热烈的掌声。"

国代表团上台报告沙坡头治沙成绩和受人"热烈的掌声"欢迎的情节。相反，参加这次会议使我们受到了一次教育。记得会议期间，中国代表团副团长，时任中国常驻联合国环境规划署首席代表的曲格平同志将我们四位代表团科学顾问召集到他的房间，传达了外国媒体对我们提交的三份报告的反映："用尽了美丽的词句，回避了实质性问题，对令人关心的生态问题一句没有提及。"作为一名科技工作者，听到这种评语后，一种切肤之痛油然而生，深切地感受到十年"文化大革命"期间与世界学术界的隔绝，使我们在许多方面落伍了。会议闭幕后，我们代表团的几位同志，向时任国务院副总理的方毅同志写信，呼吁在我国开展防治沙漠化的研究，要承认我们的国家也存在生态环境问题，建议成立沙漠研究所。所幸的是，我们的建议在祖国科学的春天到来之际就得到了老一辈党和国家领导人的首肯，中国科学院成立了沙漠研究所，并开展了沙漠化研究工作。今天，重读陈舜瑶同志的《沙都散记》，学习这位老革命者求真务实的风格，因此特意把这一段尘封已久的思想历程倾诉出来。

（四）

重读《沙都散记》，在赞赏作者求真务实创作态度的同时，不能不引起对当前写作和学术研究中学风的不端行为的思考。

实事求是是科学和科学精神的核心：科学态度就是实事求是的态度。1983年3月14日，人民科学家钱学森在一次关于科学道德的谈话中指出："科学当中要骗人的话是不允许的。因为在科学中第一条就是真理性，追求、维护科学真理性，这是科学道德规范的第一条，你要是违背了这一条，那么科学就要被破坏了。""总而言之，实事求是，是什么样就是什么样，假设你看到了不说，就坏了；假设你知道错了，你又不说，也坏了。"毛主席早在延安时期就告诫全党，"当老实人，说老实话，做老实事""要讲真话，不偷、不装、不吹。偷就是偷东西，装就是装样子……吹就是吹牛皮。讲真话，每个普通的人都应该如此，每个共产党人更应该如此。"今天我们重读这些话，就倍感亲切和言简意赅。尊重作者的创造性劳动，主张为学术讨论和创作制造宽松和谐的社会环境，提倡不墨守成规，不盲目服从，敢于创新，这些是科学探索和技术创新所需要的。但是，任何作者，在以记述体裁进行创作时，碰到历史、虚实、科学这个区间，其"发挥"的自由度是有限的，有一个严格的阈值和一条不准许逾越的底线，那就是忠实于历史、符合事实。历史和事实，是纪实作品的第一性渊源，在阐述、解释、描写事物本原的过程中，当然会有取舍、议论、褒贬，但在有无虚实之间，则由不得创作者信口开河。

中华民族有优良的文化传统。自强不息、厚德载物、谦虚谨慎、不事张扬虚夸是中国人民的美德。我们希望在学术研究和创作中，发扬民族美德，群策群力，杜绝自作聪明地编撰、传播虚假信息的风气。今天，再版陈舜瑶同志的忠实于历史和事实的纪实性科普读物《沙都散记》一书，也算作是向令人忧虑的不良风气做对抗的一种努力吧。

刘　恕

2004 年 4 月于北京

第一版序

　　我怀着浓厚的兴趣阅读了陈舜瑶同志的新作《沙都散记》。"沙都"是一位国际友人、地理学家对我国腾格里沙漠东南边缘——宁夏中卫县沙坡头地区的形象的称谓，将那里密叠高大的连绵沙丘形容为沙区之都。二十世纪五十年代，由于贯通内地与西北交通大动脉的建设需要，在那里聚集了中国科学院、铁道部、林业部的专家学者，开始了防治铁路沙害的研究工作。三十多年来，他们在那里没有间息地劳动和创造。三十多年，就人生而言亦是几代人的组合。当年指导建业的老一辈科学家，已走完了他们艰难而光荣的人生路程，当年风华正茂的年轻科学工作者，今日也已雪染双鬓，又迎来他们的学生和晚辈。集几代人的心血辛劳，集各行专家学者的卓识，集工农技术人员的实践于一体，终于使铁路沙害这一令人生畏的难题，在理论和实践上得到解决。反映科研成果的论文集一部部出版了；作为科研成果转化为实践的大面积防护带建立了；作为沙漠科学摇篮的中国科学院沙坡头试验站，把一批批人才培养出来了。沙坡头地区也连同它的成果一起越过了国界，成为不少国家同行乐于称道和涉足之地。但是对于这里从无到有的创业历程和发展史，对于从事这一事业的人的生活和精神风貌，对于人们尚生疏的沙漠治理科学的基本内容，特别对于科学工作中的经验、党的领导作用、科学工作者的探索精神和指导思想，在新闻报道和文艺作品中反映还不很多。《沙都散记》侧重写了这些方面。作者是党的工作者，曾与研究沙漠的专家学者结识，了解了他们所从事的事业，了解了他们的生活，了解了他们所思所想，与他们成了知心朋友，因而产生了强烈的写作愿望。作者的创作态度是认真严肃的，为了深入了解沙区治理情况，她不顾年纪已大，与科学家一起到沙坡头、榆林、奈曼等几处防沙试验基地现场考察了解，与中青年科技工作者多次座谈，仔细阅读了有关的论文和著作。因此《沙都散记》既是一篇新中国沙漠科学创业史，又是一曲老、中、青三代科技工作者精神风貌的颂歌。本书力图浅显生动地阐述沙漠治理科学的规律性，因而《沙都散记》也可看作是一本科学普及读物。由此我愿意将此书推荐给有志从事科学研究的青年朋友，特别是有志从事资源环境科学研究的青年朋友们，相信你们读后会从中得到应有的启迪。

感谢作者对沙漠科技工作者的关心。希望有更多的人关心了解他们，并希望有更多的作品涌现。

孙鸿烈

1989 年 5 月 22 日

目　录

第一章
沙都掠影

　　一代代治沙人在荒漠沙都里踩下一行行脚印渐行渐远，绿芽却从他们的脚印里钻了出来，将他们身后这一片荒寂黄沙化作了绿洲。

"天上掉下来的"

一幅航空照片，记录了奇异的景观：近处是层层叠叠红褐色的高山峡谷，远处渐渐化成紫色的起伏丘陵，重山中有个银白色的大环，没完全闭合，缺口两端飘带似的曲曲折折融入天边云雾里。乍看，似乎是天文台拍下的月球，或者是哪个外星球表面的一角；细看，不对了，怎么月球上的环形山成了凹形河了呢？那么，是大海吗？也不像，怎么万顷波涛不见浪花飞沫？被什么魔法凝固了吗？这是什么地方？猜猜看。要认出它，你得飞临黄河中游，从高空俯瞰大地。突然，下面出现了一望无际的汹涌浪涛，地图告诉你，这不是大海，是浩瀚无垠的沙海，是到了我国第四大沙漠——腾格里的东南缘宁夏回族自治区境内中卫县上空了。

"腾格里"一词，在蒙古语里的意思是"天上掉下来的"。在这一带游牧的蒙古族牧民，仰望这高大、密集的无穷无尽的沙山，惊讶又敬畏地思索，地面上怎么能冒出这么辽阔兀突的群山峡谷来？真是不可思议，莫非是从天上掉下来的么——正像江南的善男信女，以为杭州灵隐寺对面的飞来峰是从西天一夜之间飞来的——在从天而降的群山南缘，黄河转了90度，绕个弯，向东流去了，因而这段黄河就叫小湾。小湾并不小，在二百万分之一比例尺的地图上也看得清清楚楚，就是那航空照片上不闭合的大银环。这个大银环与被人们用希腊文戏称作欧米伽（Ω）河的航片方位，南北正相反。

照片上有一条长长的防波堤，横亘在惊涛骇浪中，这使人想起神话里的定海神针，不知哪位天神把它放在海面上，海水立即退到两边，闪出一条通道。堤上断断续续的黑点就是一列火车的车厢——包兰铁路劈开腾格里天险，穿越重重沙山，奔向大西北。当你乘上这列车，从车窗望出去，近处是七八十米宽美丽的白杨林带；树林外，随沙丘起伏，高低错落地布满麦草扎成的方格沙障，方格里长着各种灌木、半灌木和草本植物，如果赶上春天，柠条开花季节，黄灿灿的，使荒原平添几分亮色。沙坡头东西从迎水桥到孟家湾16公里，车窗外连绵不断或宽或窄尽是新扎的黄色麦草沙障，或经风吹日炙已发黑散乱的旧麦草沙障，方格里的固沙植物有的已长大，有的低矮，这就是人工植被固沙带。它是保护铁路不受沙漠侵害的防护体系，多么浩大的工程呵！

沙　都

二十世纪五十年代，一位曾受聘来中国帮助治沙的沙漠学权威、苏联土库曼苏维埃社会主义共和国的科学院院士彼得罗夫先后三次来到沙坡头，介绍苏联的治沙经验，传授沙漠科学知识，提供咨询和建议，和中国科技人员一起经历了科学研究中的成败忧喜，他给中国科技人员以热情激励，充分肯定他们的劳绩。彼得罗夫在临回国前，又特意登上沙山的高峰，向腾格里告别，他极目远眺，赞叹之语脱口而出道："这里称得起世界沙都！"

"世界沙都"这个比喻耐人寻味，这么高的赞誉更引起人们思索。"都"，按照辞典、史书解释，就是通都大邑，是人口多、商业繁荣、文化发达、地位显要的地方。正如一个国家政府所在地叫首都。"都"的含义引申开去，物产、文化等精华荟萃的地方，在一国之内或者世界上算得第一流的，也被人称作"都"。如云南个旧被誉为"锡都"，甘肃金川人称"镍都"，江西景德镇有"瓷都"的美名，广东佛山有人叫它"南方瓷都"。更有趣的如保加利亚人欢喜管卡布洛沃城叫"幽默齐齑之都"，就因那里一年一度举办"幽默节"。法国巴黎是举世公认"时装之都"，奥地利维也纳称得起世界"音乐之都"，华盛顿有着"凶杀之都"的恶名。

"世界沙都"顾名思义应当是世界上第一流沙漠王国的都城。全球大大小小各具特色的沙漠、戈壁遍布亚洲，非洲，南、北美洲和大洋洲，约占陆地面积七分之一。在众多沙漠王国中，论面积，腾格里排不到以撒哈拉为首的世界十二块大沙漠以内，在国内，以塔克拉玛干为首的十二块大沙漠、沙地中它居第四位。论地形，腾格里这一角高大密集的格状新月形沙丘链确实奇特，但比起巴丹吉林沙漠的高耸沙山，还是小巫见大巫，这些都属地理学常识，专家彼得罗夫怎么会不知道呢？他这么说，想来另有深意。

假若我们不仅考虑沙漠的自然状况，同时着眼于人与沙漠的斗争，那么，这里便是新中国成立后，打响治沙第一仗的主战场；这里营造的是中国第一个治沙大工程。当时塔克拉玛干等大沙漠的勘查工作还没开始，各地才从土改中解放出来的农民在沙漠边缘凭经验防治沙害，是不能和这一仗相比的。这次是在党和政府领导下，汇集各方面专家，发动广大群众，专家和群众相结合，运用科学技术和群众力量制服沙漠的一次胜利的大仗，战斗指挥部就设在沙坡头，从这个意义上讲，沙坡头是名副其实的中国沙都！

治沙人的圣地

沙坡头的治沙工作在世界治沙工程方面又处于什么地位呢？尽管

苏联的中亚铁路始建于十九世纪末，营造治沙护路工程比中国早七八十年，但那里的自然条件不及这里严酷；尽管美国的西部治沙工程浩大，现代化程度高，但它是引水灌溉，而沙坡头基本上是在无灌溉条件下的生物固沙，难度更大，且是在机械化条件不足的情况下，主要凭人工一锹一镐建造出这样大的工程，举世罕见。三十年后有的美国专家也承认，它称得起世界第一流的治沙工程。当时彼得罗夫以科学家的深邃目光预见到能制服这样凶险的沙漠，这一工程必将在人类治沙史上占有它的地位，必将为年轻的沙漠科学增添新页。他发自内心的第一声喊："这里称得起世界沙都!"不仅赞叹这里举世少见的高大密集格状新月形沙丘链的奇特景观，更由衷赞颂中国治沙史上的第一个浩大工程；赞颂劳动人民和科技人员的巨大劳绩和智慧；赞颂新中国早期社会主义建设的胆略和远见；也期待着年轻学者能在沙漠学领域中开拓前进，为人类做出贡献!

彼得罗夫的评价和预见，深深鼓舞着中国年轻的治沙科技工作者，他们把他的话刻在油印的通讯小报上，用光辉远景激励自己和伙伴。如果说苏联的中亚卡拉库姆沙漠东南部的列别捷克是沙漠学者的麦加，那么，沙都——沙坡头毫无疑义就是中国治沙人为之献青春、献终身的圣地了。

三十年几番沙暴，沙坡头的科研工作几乎摧折，幸而顽强生存了下来，科学实验终于结成硕果，人才经过磨炼渐渐成熟。"文化大革命"后，国家实行开放政策，世界自然环境状况的变化促使他们有了十年大发展。

二十世纪七十年代，土地沙漠化问题成了全世界关切的严重问题，人类生活环境不断恶化，土地肥力衰减，沙漠以惊人的速度咄咄进逼。为此，联合国环境规划署于1977年在肯尼亚首都召开国际会议，有九十个国家参加，会议发出紧急呼吁，号召各国行动起来，防治沙漠化。中国代表在会上的发言引起第三世界各国的注意和重视，很多沙漠学者和主管官员到中国考察，他们高度评价中国治沙成绩，盛赞"只有中国人勤劳精巧的双手，才能造出这样浩大的工程。""只有中国科学工作者高度的责任心和坚忍的毅力，才能在艰难中创造这样的奇迹。"

他们概括中国治沙经验是，政府能发挥群众力量，能组织专家与群众结合，形成巨大力量。他们称之为"中国模式"。沙坡头正是"中国模式"的典型和代表，成为中国治沙模式的代名词和简称。在防治沙漠化的国际研讨会上，可以听到用不同语种发出的"沙坡头"，在有关沙漠化问题的刊物上，可以看到不同外文拼写的"沙坡头"。联合国环境规划署在中国办了五期讲习班，沙坡头成了探讨沙漠学的科学会堂。

沙坡头的经验飞向国外，不仅非洲有中国科学工作者的足迹，在日本的鸟取县海岸上也出现了草方格，取代了原来的钢板沙障；外国的固沙植物和固沙经验也被引进沙坡头，进行试验。

沙坡头的治沙科学研究工作，有的外国专家认为已经超越原来的固沙护路，跨入了人工生态系统领域。很多学者评价沙坡头沙漠科学研究站完全可以毫无愧色地列入世界先进沙漠学研究站之林。

沙坡头的科学研究由防沙固沙进而研究利用沙漠，开发沙漠农业，栽植粮果，并获得了初步成果。

沙坡头还是稀有的沙漠公园，世界上有些沙漠有"鸣沙"的怪异现象——沙从高大沙丘上泄流而下，偶尔发出轰鸣的声音，引起很多学者和旅游人的兴趣，但这样的沙漠多在交通不便处，而沙坡头就在铁路旁，沙山轰鸣的神秘现象吸引着中外游客。

沙坡头在全国治沙事业中做出了自己的贡献，在沙坡头工作三十年中成长了几代人，都成为各条风沙线上的骨干。通过在这里举办的学习班、培训班培养了大量治沙的科技工作者。沙坡头经验撒向各个沙区，结合各地不同的条件，开出各色的花，结成丰硕的果，丰富、发展、普及着沙漠科学。

沙坡头作为一个样板，启示人们改变对沙漠的看法。沙漠的规律虽然深奥，却是可知的；沙漠的防治和利用虽然艰难，却是可能的。掌握了沙漠科学，可怕的沙漠就有可能转化为潜在的财富，不少沙区人民正千方百计开发沙地、沙漠，让它为人民造福。

三十年变迁使治沙人深深体会到路易·艾黎给他们的题词："沙漠化是全世界重大环境问题之一，治沙是全世界的事业，谁为治沙做出成绩，就是为全人类做出贡献。"

沙坡头，你不愧是世界沙都，让我们到沙都去，一瞻风采吧。

登沙山之巅，极目云天，你仿佛会看到环绕地球南北回归线的沙漠腰带，亚洲、非洲、大洋洲和美洲的十二块大沙漠走马灯似的随着地球转动，一一掠过你眼前。向东西眺望，我国北部 4000 公里风沙线，从塔克拉玛干到呼伦贝尔沙地，交错排开的十二块大沙地，也一一呈现在你眼前。腾格里宛居沙漠带中央。"沙都"背靠大漠，面对长河，耸峙北面的巴丹吉林的 500 米高的沙山是它的照壁；流贯南面的黄河的小湾是它的护城河，这是块天然的"风水宝地"，这是块独特的人工绿洲！它拥有近处 16 公里并且六次穿过沙漠的总计 46 公里的人工沙障，它拥有 140 公顷的科学试验地。这就是沙都的疆域，这就是沙都的建筑，这就是沙都的气势，这就是沙都的精神！沙都建造者、沙都的居民为你自豪，为你骄傲！三十年来，他们孜孜矻矻，百折不挠，为沙都的建设贡献一切！可敬的治沙的人们呵！你们的精神使沙碛生辉了。

第二章
背水一战的抉择

　　风魔愤怒地扬起沙粒，遮天蔽日。治沙的先锋们抓起自制的手提风速仪，冲上了沙丘，在一片昏暗中，如同握紧了长剑，刺向对着他们咆哮的风魔。

前期考察

沙都是怎样建设起来的呢？要追溯到 1952 年，当年东北边境外抗美援朝的战火还没有停息，党中央、人民政府已经在考虑全国建设的布局了。筹划修筑一条从包头到兰州的铁路，东端与北京—包头铁路衔接，西端先修到兰州，再逐步延伸到新疆。这样一条铁路既可以作为开发大西北经济的杠杆，又可以成为联系中央和西北少数民族的纽带，并且是巩固边陲、贯通东西的要道。陇海铁路宝鸡—天水段修在地质复杂的渭河河谷上，夏季多雨，常常中断行车，有了第二通道便可以保证东西交通畅通无阻。1953 年制定的第一个五年计划，就把包（头）兰（州）铁路列为重点项目之一。它的重要性和深远意义不仅在于沟通两个新兴的工业城市——包头和兰州，而且是连接祖国心脏和西北的大动脉。随着西北和全国建设的发展，越来越显示出当年中央决策的正确。

1952 年，由铁道部的铁道勘测设计院和中国科学院的地理研究所合作，对拟议中的包兰线进行方案踏勘。设计院侧重考察修筑铁路的可能性；地理所侧重比较各种方案的经济效益。双方各出两人，在中卫县会合，做好准备，再分成两组进行：一组走黄河南岸踏勘；一组走黄河北岸。地理所的吴传钧博士和设计院的一位年轻同志清早从中卫县出发，骑马沿黄河北岸向西行进，但不到 10 公里，前方就出现了沙丘，他们很讶异：根据清代县志记载，大沙子山在县西 35 公里，沙漠入侵真快呀！沙路越来越难行，中午赶到一个村庄，他们找人家饮水问路，老乡劝阻道："不要看天色还早，前头是大沙山，今晚过不去了，还是住下吧。"他们第二天黎明就上路，难得是响晴天，没刮风。他们曲曲折折攀登沙山，越向西北沙山越高，浮沙没过他们的高筒皮靴，马嘶鸣不肯走，他们只好下马，牵着马走，进两步退一步，艰难跋涉。好容易爬到陡峭的沙山顶上，人马踏动干沙，流沙滚滚下泻，像泥石流，像沙的瀑布，黄沫飞溅，沙粒互相撞击，发出轰响，回荡在一望无际、夐不见人的沙山中。当空一轮红日，脚下千仞沙瀑，真是罕见的雄伟奇观，令人惊心动魄！他们暗自思忖：铁路能从这样的沙区通过吗？实在难以想象！两人累得筋疲力尽，才翻过沙山，傍晚到了孟家湾。河南、河北两组考察的结果：走黄河北岸经济效益高，有利于开发白银地区的矿产，可以少修一段铁路支线，但是如何通过沙区是个重大难题；走黄河南岸没有这样重要的矿产资源。

铁道部进一步安排包兰铁路的勘测设计工作分为两段进行，把从银川到兰州段的任务交给了铁道部西北设计分局（1956 年改名为铁道部第一设计院，现中铁第一勘察设计院集团有限公司）所属的兰银勘测总队。地质工程师赵性存等人兴奋地接受了这一光荣任务。赵性存同志是湖南人，毕业于湖南大学土木工程系，原来在南方工作，全国解放后，调到北方。因为铁路急需地质人才，所以他被分配专攻地质。兰州到银川一带的地质情况，对于他们全体都是陌生的。他们首先查阅有关的历史资料，原来 1911 年京绥铁路局就勘测过这段路线，1945 年宝天铁路工程局又勘测过。勘测人员测到宁夏的甘塘—中卫这段路线时，面对着腾格里大沙漠浩瀚无垠的沙山，认为要在这样险峻的地方修路，简直是不可想象的！因此，只能避开沙漠，绕道而行。他们设想从甘塘沿西静沟东下，跨过黄河再沿黄河南岸行进，到中卫跨回北岸。这样不但路线展长，而且必须修两座黄河大桥，技术复杂，造价高昂，当时显然是办不到的。因此，这种设想只能是纸上谈兵，存入历史档案了。

勘测人员分析、研究了上述方案不可取的地方，就想另寻出路：原拟从兰州向北经过靖远、中宁、青铜峡到银川，因而提出走黄河南岸的方案。1953 年初步测量时，测到靖远县水泉一带，发现 1920 年海源大地震造成的地面裂缝长达 22 公里。这场地震震中烈度 9 级以上，老年人谈起当年天崩地裂、房倒屋塌、死伤枕藉的惨状，犹有余悸。修铁路是百年大计，怎能冒这风险！显然不能选这条线。南路不通，只好仍走北路了。于是他们从兰州走黄河北岸，经过景泰、中卫到银川，另测一条新线。这条线比南线平缓，工程简易，又可以省掉两座黄河大桥，从技术上看，从经济上看，都比较有利。但是又遇到前面提出的那个难题，即由甘塘到中卫必须六次穿越腾格里大沙漠边缘，各段相加长达 46 公里，特别是中卫县西边迎水桥到孟家湾一段 16 公里，据县志记载："沙丘起伏，状若波涌者已久""浮沙没胫，人马惮行"。积沙高过小腿，行旅视为畏途，这样险恶的自然条件能够修筑铁路吗？沙丘下面的岩层是否坚实，承载得起铁路吗？纵然能修成，路轨会不会被流沙掩埋呢？铁路比起公路、农田等，防沙要求是特别严格的，如果路轨积沙，就可能导致火车脱轨以至翻车，因此防护措施必须十分可靠。这对于我国铁路工程技术人员是个完全陌生的课题，天上掉下来的这个庞然大物——腾格里沙漠横蛮地拦在铁路工作人员前进的路上，把他们逼到黄河边，向他们挑战，若不能从它的王国里闯过去，就得知难而退。

　　他们通过勘查，更深切体会到包兰铁路的重要意义。两百多年来，这一带连绵沙丘构成了内蒙古、宁夏通向甘肃驿路的巨大障碍，平时运粮秣，军阀混战时运辎重，到此都通不过，要用船只沿黄河逆水转运 10 公里。解放战争中，马鸿逵搜刮尽居民的门板、麦草铺路也没有通过。解放初期，马家残匪还没有被完全剿灭，西北资源亟待开发，国家迫切需要修这条铁路，西北群众更希望能架起一座通向外界的飞桥，走出世代贫穷落后的困境。作为新中国的建设者，他们决不能轻易在困难面前退却，千方百计也要完成任务。他们一般 30 岁上下，血气方刚，为国家、为人民有一股天不怕地不怕的闯劲。但是，科学工作者办事必须有科学根据。他们经过认真分析自然条件，反复研究，虽然中国没有建筑沙漠铁路的经验，但国外却有先例：沙俄 1880 年就曾在中亚沙区修筑铁路，当然，那里流动沙丘的危害远不及中卫地区这样严重，开始营运时还发生过沙埋路基的险情，后来苏联终于解决了这个难题。虽然各地情况有所不同，但同属沙区筑路，难道腾格里东南缘就绝对不能穿越吗？他们想起勘测到离沙坡头西约 25 公里处，曾发现一座叫作茶房庙的庙宇旧址，据碑志记载，其已有百年历史了。它像一座灯塔，屹立在茫茫沙海中，经历百年风沙侵袭，居然保存完好，庙上有阁，可以攀登，四角飞檐微翘，依稀当年风貌，并没有被流沙湮没。可见只要措施得当，在沙区筑路，并非绝对不可能，况且这里濒临黄河，只要把路线稍稍南移，提黄河水，灌溉造林，就可阻挡风沙，这里还是有得天独厚的条件。他们又考虑到毕竟缺乏经验，把握不大，要冒极大风险，有一点失误，就可能给国家造成巨大损失，谁能负得起这大责任！勘测人员经过反复调查研究，多方分析，进行技术、经济比较和激烈地辩论，终于以破釜沉舟、背水一战的决心和勇气，大胆向铁道部提出了穿越沙漠筑路的方案。

当时滕代远同志主持铁道部工作，这位为新中国的建立曾经身经百战的指挥员，又要在穷荒大漠中开辟出一条通路。铁道部认真研究了这个方案，又听取了苏联专家的意见，最后，以非凡的胆略批准了穿越沙漠修建铁路的方案。要实现这一创举，无疑要十分审慎，先要进行大量的科学研究，探索风沙活动的规律，采取确实可靠的措施，使修筑铁路有充分的科学根据。为此，铁道部副部长吕正操同志责成铁道科学研究院主持，并会同第一设计院和其他有关部门共同进行试验和研究。铁道科学研究院把任务交给研究员翁元庆。

翁元庆二十世纪三十年代初毕业于唐山交通大学，新中国成立前，一直在铁路上工作，有二十多年的实践经验，但是研究在沙漠中修筑铁路，还是第一遭。说老实话，没做过的事，谁也不能说那么有把握，何况是这样的难题呢！但是，作为爱国的科技人员，国家有需要，责无旁贷、义不容辞，翁元庆和他的同事勇敢地承担了下来。

开路的先锋们

1954年1月，千家万户欢度新年的时候，第一设计院赵性存工程师等人组成的沙漠铁路的尖兵队，顶着凛冽的朔风，冒着-20℃的严寒，踏着没胫的积沙，一步一趔趄，爬上沙坡头西面的高大沙山，在茶房庙建起了全国第一个沙漠铁路观察站。这个观察站由第一设计院赵铭球负责。

茶房庙四顾茫茫，望不尽的汹涌沙涛，真是沙海中一个孤岛。百年前，这是宁夏通凉州（现在甘肃武威）驿路上的一个站，有七八间房，供过往行旅之人和运粮的力夫饮茶歇脚。这里一滴水也没有，全靠从黄河背水上来烧茶汤。后院有老僧手植沙枣树株，就是唯一的植物遗迹。这些开路先锋为什么选中这么个干涸的地点安营扎寨呢？为的是地势高，比起黄河边的小村——童家园子离山顶近些，起风时，可以更快点爬上沙山测量风速、风向。对于这些人，工作第一，生活就顾不得许多了。现在人们很难想象他们是怎样生活过来的。必不可少的生活用水每小桶就得付五角钱，由老乡用毛驴从黄河边驮上来。毛驴不像骆驼蹄子大，好爬沙山，只能沿着沙丘底部比较坚实的地方，迂回曲折缓缓走上来。他们为了节约经费开支，不雇骆驼雇毛驴。一天运来的水有限，对茶房庙的这些新住户来说，涓滴都是珍贵的！至于食物、生活用品、测量仪器等的运送，其困难程度就可想而知了。

开路先锋们在残破的神像下安放下行军床，他们不知道这里原来供奉的什么神祇，可以揣想，大概是为保佑沙漠旅客平安的。现在，他们就要做这条铁路旅客的保护神，因此，必须同统治这里的风魔斗法，镇住它。第一件事，也是最根本的：要弄清与风沙灾害有关的各种自然因素，掌握风沙活动的规律。这样才能提出保护铁路免受风沙灾害的对策和措施。可惜前人没有留给他们任何资料，中卫县的气象资料也不能简单引用，因为中卫县处黄河第二阶地，已经引黄河水淤灌出大片农田，和沙坡头遍地沙丘的小气候大不相同。因此，一切都得从零开始，自己动手调查、实测，点点滴滴，积累最基本的数据。

他们一建站就着手测量温度、雨量和风向、风速等气象要素，逐日记载这些数据，于月末、年终求出各月和全年的平均数和最高、最低值。1955—1956年沙坡头小区年平均温度为9.7℃，属高寒地带。

1955年1月最低温度降到-25℃，此时这段黄河结冰，厚得可以走车。但是，同年7月最高气温竟上升到38℃，相差63℃。由于干旱无云，日光直接照射到裸露的沙丘上，没有云、水、草反射日光，盛夏沙丘表面最高温度可达到74℃，比空气高36℃，热气灼人，生物难以忍受，但是入夜热气消失，又仿佛凉秋。一年间、一昼夜间温差这么大，可算得典型的大陆性气候了。

沙坡头站的科研人员进行野外测量（1955年）

雨量在1954—1955两年都是170多毫米，并且集中在夏末秋初天气正热的时候，雨水落到沙面很快就蒸发了。蒸发量相当于降水量的十几、二十倍，最高达到四十倍。这微少的宝贵雨水还不能被充分利用，老天对沙坡头委实太吝啬了。

沙坡头的风频繁、剧烈，方向多变。用当地人的话说："一年一场风，从春刮到冬。"据老年人回忆，最大的一场旋风把一匹毛驴刮到黄河里去了。这完全是事实，不是说笑话。这里经常风起沙扬，搅得天昏地暗，白昼屋里也要点灯，风沙湮没农田和道路，童家园子村西头原来有一大片良田，年复一年，风在上面铺上了一层厚厚的"沙饼"，已不能耕种了。

风沙对铁路威胁最大，这也是观察站研究的重点。建站初期，一切观测仪器都很简陋，还没有风速自动记录仪，同志们一听到风声呼啸，自远而近，知道这个魔怪出洞了，机不可失，他们立即跳起来，抓起手提风速仪，冲出茶房庙，爬上沙丘顶，记下它的来踪去迹。风魔在这亘古荒原上独来独往，第一次遇到了对它的挑战，它愤怒了，要给这些闯入者一个下马威。它频频袭来，一年刮了两百多场，使测量者应接不暇。它有时以每秒二十几米的高速猛刮，打得测量者伏倒在地；有时又以每秒二三米的低速一掠而过，尘沙不扬。它白天刮累了，晚上就稍稍休息一下，但发起疯来，能一口气连刮几十小时，不肯停歇。测量的人也以更大的顽强奉陪到底，任风怎样刺、割他们的面颊，打得他们睁不开眼，他们也不认输，用硼酸水冲冲眼睛就再接着干。终于在记录本上留下了全年的风向、风速。嘀，东风、南风、西风、北风、西北风、西南风、东北风、东南风四面八方和它们中间的十六个方位——西北偏西、西北偏北等全有，风故意布下这疑阵，造成它全方位进攻的假象，让你分辨不清哪是它的主攻方向，哪是它的次攻方向，看你怎样部署攻守。

怎样从风的迷阵中冲出来呢？他们学习气象学，找到了突破口——起沙风的速度，也就是沙粒受风力推动开始移动时风的临界速度。沙的粒度粗细不同，起沙风的速度也不同，沙粒细小，微风一吹就动。反之，沙粒粗重，高速度的风才推得动。沙坡头的起沙风，经过实测是每秒4.6米（距地2米高处），小于这速度的风吹不动沙，对铁路没什么危害，可以不予考虑；大于这个速度的风吹蚀沙丘，搬动沙粒，侵袭铁路成为灾害，才是他们必须研究和制服的对象。据实测，沙坡头地区平均速度接近每秒5米的起沙风每年超过270次，总时数为900小时。可以想象一年三天两头都刮风，或者说每10小时就有一次风起沙扬。实际上，风集中在每年的12月到次年的5月，特别是3月到5月，强劲的西北风从蒙古高气压中心铲地刮来，时间约占全年起沙风总时数的三分之一。如再加上西北偏西风，就超过一半，形成了主风向。夏季高气压中心东移到鄂霍次克海，加上我国东南沿海季风的影响，风向就转为东风和东北风、东北偏东风，这形成了稍逊于西北风的次主风。5月、6月是风的移换季节，风向最乱。全年南风和东南风、西南风约占总时数的五分之一。如果把各方位的风的频率填在极坐标纸上，频率按比例用线段表现，再把各线段连接起来，就绘成了气象学的"玫瑰图"。它像一朵刚刚绽开的玫瑰花，花瓣的长短分出了主风向、次风向和合成风向。沙坡头的玫瑰花图左上方的花瓣最大，右下方花瓣较小，指明西北风为主，风的主攻方向在西北方，他们应当在铁路线北面设置主要防御措施，牢牢把守好，不让风沙侵进来，同时路南也要有适当的防御措施，不可大意。

风沙是怎样活动呢？唯有弄清风沙活动的规律，才能提出正确的防御措施。他们钻研有关书籍，请教苏联专家，特别是通过自己仔细观测，认识到风沙移动有三种形式：蠕动、跃移和悬移。风速超过起沙的临界速度时，沙就活跃起来了，被风推着，满地翻滚，就像无数的虫子在蠕动，像千万条小沙蛇在爬行。风速再大时，沙粒激动得跳跃起来，随风向前蹿，能量逐渐消耗，跳动减弱，受自身的重力控制跌落下来，碰撞地面的卵石或沙粒，反弹了起来，在空中划出一道弧线，一道比一道低，慢慢精疲力竭，再跳不起来，就躺在地上不动了。如果沙粒细，又遇到强风，被刮得悬浮空中，如在天地间挂一重灰黄的纱幕，尘沙随风飘动，久久不落，有时被风携带，飘移几百米远，才缓缓降落。

沙漠风是永远不知疲倦的堆塑家。它裹挟着沙粒奔跑，途中遇到起伏不平的地势、丛生的植物或者别的什么障碍物，风被迫卸下了挟带的沙粒，堆积在障碍物周边，慢慢堆成小丘。但是风不甘心受阻，正面通不过，它就从两翼包抄，绕到沙丘前面，形成两只尖角，像水牛的一对大犄角，或像鸟的两只翅膀。地理学家给它起了个非常美的名字，叫作新月形沙丘。从高空往下看，多么像上弦月的浮雕：迎风面缓缓高上去就像新月的凸面，两只尖角抱着落沙坡，正是新月的凹面。明晰柔曲的脊线多么像弯弯娥眉！这名字真起得好。

新月形沙丘形成后，沙粒仍不断被风推着从迎风坡跳到丘顶，再从丘顶跌落到前面的落沙坡，像体操运动员跳鞍马似的。日积月累，沙丘就不断发育扩大，成了沙山。前后相续的沙丘，兽角衔兽角，仿佛一环套一环的链条，这就是新月形沙丘链。互相垂直方向的风便塑出彼此垂直的沙丘链，构成了网格似的格状新月形沙丘，纵横交织的链条中间盛着三面高一面低的沙窝，很像簸箕。风把新月形沙丘链拉长扭曲，组合排列，塑出各种各样的风沙地貌。

风沙怎样祸害铁路？它把迎面的沙丘一点一点掏空，把沙子一把把抛到落沙坡去，后面缩短，前面伸长，整个沙丘就向前移动了。在铁路线北面，漫山遍野无数的风魔躲在星罗棋布的沙垒后面，挥舞锹镐，铲着、抛着，把沙丘推向前，它稳打稳扎，以泰山压顶之势一步步向铁路逼近。如果不及时把它阻在远处，待沙丘爬上路基，再清除就困难了。

风不但会打阵地仗，逐丘逐链前进，而且会打游击战，在它跑过的地方，撒下一层又一层沙子，沙漠学者将之叫作"沙饼"。风从沙山峡口挤过时，气流带着大量沙粒喷出来，形成长长的"沙舌"。风魔在铁路经过的一些山口，张开大嘴，吐出长舌，当舌尖舔到路轨时，"沙漫道"就可能使火车脱轨。经常清沙要耗费大量人力物力，而且会给职工带来许多痛苦。

风是沙的动力，但是影响沙丘移动还有很多复杂的因素，了解沙丘移动的规律是难度很大的课题。他们缺乏这方面的经验，只能边学习，边探索。首先吸取苏联经验，整理和绘制全年的风向、风速图。沙坡头地区风速、风向年图：冬季线段大体都朝东南；5月、6月风向变换频繁，矢向时南时北，忽东忽西，曲曲折折，往复摆动，像抖乱了的毛线团，像分子运动的布朗现象；七八月以后，方向渐趋一致，沙粒一年行动的轨迹大体反映出沙丘移动的趋向。沙丘整体同一粒沙不同，丘体大小、地形、气候、湿度等，都会影响沙丘的移动。

风速、风向年图只能反映总趋势，实际情形要复杂得多，还得实地测量。

起初他们设计了一种排桩测量方法，在沙丘底面埋10排木桩，每排16根，两根间距离20米，桩上都刻了长度，记载沙埋到哪里。隔一段时间去测量一次，看前后排木桩积沙的增减，测量沙丘移动方向、速度和风搬运沙子的数量。譬如后排沙下降，前排沙上升，就说明沙丘前移了。但是实测时，他们碰到些不能解释的现象，并且发现测量的方法也有些问题，需要改进。他们这些铁路老职工擅长测量，想用测等高线的方法测沙丘的变动和位移，但是这么做工作量实在大得可怕，只能搞试点，不能铺开，不过测量沙丘移动问题没完全解决。

对北面沙区的考察

除了经常学习、测量，翁元庆、赵性存决定做一次从中卫到甘塘这段路线北面沙区的考察，主要考察筑路问题。他们特邀兰州大学地理系主任带一位学生同行，以便研究有关地理方面的问题。地方派了两名保卫人员和一名向导，一行人带一顶帐篷，带了粮食、水和必不可少的仪器，小小考察队就出发了。为了节省路上测量行程的时间，他们想出一个巧招：用罗盘测量方向，在骆驼腿上缚上计步仪，骆驼步子平稳均匀，走一段路，把计步器上记下的数字乘骆驼每步跨进的距离，就可以算出行程大概的里数了。

他们从细沙覆盖的黄河滩地向西北行，缓缓登上高出河滩 30—50 米的黄河第二阶台地。站在这里可以看到与河岸平行的长长的新月形沙丘链，再往上攀登，眼前就是一望无际的高大、密集、格状新月形沙丘链了。连绵沙山的最高峰高出黄河水面 300 米。他们已置身于风沙的王国了。继续向北跋涉，行行复行行，荒漠中出现了盐池和名叫水稍子的沼泽性草地，通湖林场就建在这里。往西北行有块叫团不拉子的地方，地下水位浅，这里的天然植物已经把沙丘固住了。沙漠里还有芨芨草湖和几处灌木丛。他们到达通湖山麓，折向东，沿贺兰山的余脉——单梁山南下，看到流沙已经跨过明代长城，南侵很远了。他们考察了中卫县城附近龙宫湖一带滨湖的新月形沙丘链，这里地下水丰足，建有农场。当地群众二十世纪五十年代初栽植的树、草、灌木，已经长成茂密的林带了。最后，他们沿黄河返回茶房庙。

他们转了一圈，行程所及大约 1000 平方公里的范围，对北部沙区有了全面、具体的印象。中卫段处在腾格里沙漠东南缘，沙漠形状像个庞大的凹字写在黄河岸边。凹处是通湖山，东西两侧都有宽宽的沙廊接连腾格里沙漠腹地，西边远处有羊山，东边是单梁山，黄河南岸地趟山、野猫子山、香山一字排开，山与山间有辽阔空旷的地带，这就成了风的通道。西北风从蒙古国横扫过来，东北风从对面长驱直入，北方的广阔沙区为风提供了取之不尽的沙源。沙坡头一带高大格状沙丘，几乎寸草不生，被称为裸露沙丘，构成了对铁路的最大威胁。

他们看到地下水位浅的地方，如通湖山南和滨湖区的一些地方，植物生长良好，沙丘已经固定或半固定了。这次考察为筑路收集了不少地质资料，更坚定了他们修筑铁路的信心，但是如何固沙，也成为他们最放心不下的突出难题了。

建造试验路基

观测和考察的结果都及时上报铁道部了。1955 年 1 月赵性存接到铁道部指令，叫他尽快在沙坡头设计、建造一段 450 米长的试验路基，安排各种试验项目，进行观察。赵性存争分夺秒带着几员助手，冒着-25℃的严寒，从兰州连夜乘吉普车驰到黄河边，河水已结冰，但不知冰层厚薄，于是人在车前踩路，车随后过了黄河。他们赶到沙坡头就动手勘测设计。试验路基安排在沙坡头西边，设计了多种路基形式及防沙措施，有的防沙试验项目是苏联专家提出的，如用砖砌成的两条线，模拟钢轨，观察积沙情况，没有必要建真的钢轨——当时把沉重的钢轨搬上松散的沙丘也有困难。在路轨两侧修 30 米宽的平台，用河卵石铺面，平滑坚实，设想风可以顺平台把沙子刮走，使平台起输沙作用，至少起缓冲作用。平台外侧 50 米处，再立两排阻沙板障，为减弱风的掏蚀，板障作折扇形，曲曲折折围成之字，试验的意图是便利施工，倘不设障，一面人挖坑，一面风填坑，使你徒劳无效。设障可以对付风的恶作剧，日后积沙多了，可以把板障拔高，逐步形成一条人工沙堤，阻止流沙侵袭。据说有位法国工程师曾在非洲做过这个实验，获得成功。

试验路基的施工不得不采取较原始的办法，现代化施工暂时还不行，载重汽车开不进沙漠，甚至胶轮大马车也没法爬上沙山，不能直达施工现场，唯有骆驼通行无阻，汽车、马车运送的试验路基物资都得靠骆驼接力。施工中，工人要戴风镜保护眼睛，穿长筒布袜防沙粒磨烂脚踝。在这样艰难条件下，却创出了出人意料的工效。铁路职工拼命干，中卫县党、政、民为了修成家乡开天辟地第一段沙漠路基，豁出去了，要啥给啥，所有能动用的骆驼、板障材料、黄河滩上的卵石，一切一切，像蚂蚁搬米一样，用骆驼、毛驴往上运。不出三个月，试验路基修成了。这次小演习进一步加强了他们对正式施工的信心。

路修成能保得住不受沙埋吗？光凭平台板障真能阻挡得了风沙穷年累月的冲打吗？观察时间短，还难以下结论，而且路线有六处穿越沙漠，共长 46 公里，仅仅沙坡头这段就是 16 公里，像老祖宗筑万里长城那样，沿铁路立两排板障和平台，工程量实在太大了，造价要提高多少呢？而且日后还要不断拔高板障，又得耗大量人力物力，在沙漠里留下许多维修人员，困难就更大了。看来还得靠生物固沙，这是唯一的希望，但是在这地下水深藏在几十米下的格状沙丘，能生长草木吗？这方面的试验恰恰做得较少，只在建站头年，靠中卫林场的帮助，在茶房庙附近种了一小片沙枣林，第二年在庙墙外栽了些钻天杨，夏天枝头挂着些绿色叶片，看来成活了。严格说，植物固沙的研究工作还没有系统地展开，这也怪不得他们，工作多，顾不上，而且筑路、造林，土木工程和植物学，隔行如隔山，一个人要兼通各行，事实上难以办到。实践使他们深切感到，沙漠中筑路的研究工作综合性强，必须有地理学、气象学、植物学、土木工程、社会科学等各方面的专门人才通力合作，单靠铁路一家独立承当是有困难的。为此，他们请求铁道部向国家建委提出把这个课题列入国家的科学规划，并请科学院主持设计。他们听说科学院所属的林业土壤研究所集中了一批专家、学者和大学毕业生，在辽宁省彰武县章古台科尔沁沙地做生物治沙试验，已经三年，成效颇好。铁道部喜出望外，诚挚地邀请他们合作，由林土所主持固沙造林设计，并邀请甘肃省气象局参加，银川地区也派出有经验的农业技术员、工程师协助。

第三章
强磁场

⬤⬤

　　沙坡头的先锋们，再坚持一下，援军马上就到。

　　已经听到了召唤的同志们披上了装备，正在朝这里驰援，治沙的

队伍已经组建完成，不会让你们孤军奋战。

组建支援队伍

　　早在远古时代，人类就发现了一种称为"磁石"的天然矿物，它具有磁性，能够吸引铁、镍、钴等物质。我国古代四大发明之一的指南针，就是利用"磁石"制成的。二十世纪初，诺贝尔奖获得者、荷兰物理学家洛伦兹，创立了经典电子论，对经典电磁理论做出了重要贡献，确定了电子在电磁场中所受的力，这个力被命名为"洛伦兹力"。这就是物理学上的磁场理论。

　　物理世界有磁场，它具有强大的吸引力。人的世界，精神世界也有一个"磁场"，就叫作心理磁场吧。当这种心理磁场形成之后，它也具有一种强大的吸力，能够把不同的力量吸引过来，凝聚成一个整体，产生巨大的能量。比如说，在民族危亡的关头，中国共产党领导下的延安，就是一个强大的心理磁场，吸引着千千万万中华民族的优秀儿女，凝聚成了一个民族解放的坚强堡垒，终于把古老的中国从黑暗引向光明。新中国成立后，亟待进行的祖国建设事业，也是一个强大的心理磁场，它召唤着在旧中国报国无门、壮志难酬的有识之士，也吸引着同共和国一起成长起来、怀着满腔热情的青年知识分子和科技人才，凝成一股强大的力量，从事我们前辈想做而未能做成的事业——修建一条连接祖国心脏、通往大西北的"动脉"，穿越腾格里沙漠并固沙造林，保证沙漠铁路的畅通，这是早在1911年就有过的设想。但那只是设想而已，在旧中国那种条件下，人们不敢想象它能够变为现实。而现在，当这个宏伟的设想就要付诸实施的时候，它所产生的强大吸力，就震撼了年龄不同、经历各异、但共同怀有报国之志的各专业知识分子的心。

在沈阳，中国科学院所属林业土壤研究所的党委书记兼所长朱济凡同志的办公桌上，放着一份铁道部、林业部和科学院联合下达的文件，指定林土所参加包兰铁路防治沙害的研究工作，三年为期，要在期限内提出方案。文件上三枚火红的大印，像是表示着"两部一院"火烧火燎的急切的心情。

朱济凡和副所长、著名的地植物学家刘慎谔隔桌对坐，思考怎样执行任务。朱济凡曾就学于南京中央大学森林系，1936年参加革命，二十年间经历过各种斗争的锻炼和考验，参加过学生运动、群众运动、武装斗争和地下工作，做过政权工作和研究工作，他把执行党交给的任务看成是天经地义，他明白修建这条铁路在经济、政治乃至国防上的重大意义。因此，再大的困难，也要千方百计去克服。他是个有主见敢负责的人，虽然怎样同全国第四大沙漠——腾格里作战，他没有经验，但是，三年来，同科尔沁沙地打交道，试验生物固沙，已获得初步成功，使他相信林土所这支队伍是能够战斗的。他相信这位"不寻常"的带头人——刘慎谔。刘慎谔被他的学生们誉为"不寻常的人""能做出不寻常的事，取得不寻常的成就"。这并非过誉，不是出于师生情谊夸大其词，而是从他半生实践中概括出来的，不妨举两个例。

刘慎谔是山东牟平人，1921年勤工俭学留学法国，完成大学学业后，在法国著名地植物学家 B. 勃朗喀的指导下做研究工作，导师向他提出了有关法国高斯山区植被的几个问题。为了解答这些问题，他只身在高斯山区深山老林中进行了整整三年的调查研究，完成了《高斯山植物地理的研究》学术论文，提出自己的创见，在巴黎大学通过答辩，获得法国理学博士学位。中国学者在国外获得博士学位的不乏其人，但像他这样以一个异国人的身份不畏艰难险阻，深入实际，独立探索，艰苦奋斗三年之久的却大不寻常，无怪乎在他归国几年后，法国同行谈起他，还由衷地赞叹说："刘是真正的自然科学学者，是中国学者研究法国植物的第一人。"

另一件事更不寻常。1931年，他参加中法西北学术考察团，由北平出发，经内蒙古到新疆考察半年，完成任务，团体解散。他却单独留在迪化（现在乌鲁木齐市）不回北平。他两入天山，采集植物标本，秋末返回迪化。之后又重整行装，翻天山入南疆，"度除夕于深山之内"。第二年3月又越过海拔5000米以上、景色荒寒、渺无人烟的昆仑山，进入青藏高原。然后经过克什米尔入印度。一路风餐露宿，食野果、饮泉水，独自走了一个月。有次遇到了劫匪，匪徒见他蓬头垢面，衣裳破旧，行囊简陋，只有些植物标本，看起来没有油水，就只抢了他的小帐篷等物，没伤害他的性命。他从印度加尔各答发回电报，请他所在单位——北平研究院汇寄回国路费时，人们简直无法相信这失踪一年多的人竟还活着！他孤身一人翻过世界屋脊去考察自然界植物分布和演替的规律，收集到我国这一地区最早的一批植物学和生态学资料。他的独特性格、勇气和毅力和为科学献身的精神，他应付最险恶环境的知识和能力，不但在当年是难以想象的，就是今天看来也实实难能可贵，极"不寻常"。

现在，这位不寻常的人正面对着这不寻常的任务，他从朱济凡眼里看到了信任和期待。毫无疑问，要接受这样的任务，非他亲自挂帅出征不可。他二十世纪二十年代在法国曾组织中国植物学会，团结志同道合的同志，期望有朝一日能对祖国有所贡献。二十世纪三十年代，他深谋远虑，考察我国大西北的植物的分布和演替的规律，想为将来开发西北做出贡献，他半生都在为地植物学的发展奋斗不息。可惜在当时的政权下，岁月蹉跎，壮志难酬。没料到年近花甲，祖国却信托给他这样光荣、重大的任务，要干在中国前人所没干过的事！他知道这项任务的分量，但是自然科学工作者的任务不就是要揭开大自然的奥秘吗？越艰难越有魅力。何况，新中国成立前他从事科研，往往不得不"奋身孤往"，现在有党和国家、人民作他坚强有力的后盾，又有铁道部、林业部合作，为他提供一切可能的条件。开拓这样广阔的实验区，科学为生产服务，生产也一定会促进科学！他要带领的林土所的这支队伍，虽然年轻，但却是能战斗的，可以信赖的，能在有生之年，拿下这个任务，为祖国，也为他亲身目睹、深切同情的穷困的西北兄弟民族贡献一分力量，为发展地植物学贡献一分力量，岂不是人生一大幸事！岂不是对科学工作者最大的安慰，何乐而不为！义不容辞，责无旁贷，这就是他坚定庄严的回答。

为落实"两部一院"文件精神，除朱济凡、刘慎谔外，林土所还有专家、副所长张宪武、宋大泉，和党委委员们参与讨论了铁道部、林业部和科学院下达的任务，一致认为这项任务意义重大，应当坚决承当下来。他们有个共同的信念：科学家要为人民服务，科学要为生产服务，凡祖国需要的工作，他们就全力以赴，不畏艰苦，不计报酬，不管别人飞短流长，说什么搞纯科学水平高，搞应用的水平低等；也不惜冒一定风险——他们清醒地知道，在章古台再加把劲，可能较快出成果，而西北任务艰巨，没十分把握，这不啻丢下即将挂果的树，把水、肥都泼在新苗上，划得来吗？

动员人员也不是没有困难。工作人员不论本地的、外地的，大多数家属都已搬到东北，让他们一年外出九个月，迢迢几千里，中间回不来，连续三年，家庭怎么照顾？做领导的怎能不体谅下情呢？他们反复掂量、比较包兰铁路防沙的重要性，毫无疑问远远超过科尔沁沙地的治理。为顾全大局，只能牺牲局部、眼前利益了。不管有多少困难，努力克服。他们各有专长，需要谁，谁就上，下面的干部不分哪个室的，挑谁就是谁。

组织队伍最关紧要的是找课题负责人，领导班子一致认为治沙组组长李鸣冈最合适。他早年在金陵大学学林业，毕业后做中学教师，教数学、物理和外文，新中国成立前在大学教书，新中国成立后进了林业研究所，成立林业土壤所以后主持章古台的治沙实验工作。他虽然年已半百，又有八口之家，但始终坐镇沙区，工作责任心强，有组织能力，业务知识扎实，作风严谨，章古台研究的成绩是和他分不开的。但是，这次西北自然条件听说比章古台严峻得多，铁路防沙要求也远比农田严格，国家给的任务责任重大，派到谁头上，也不能不考虑考虑。朱济凡找李鸣冈谈心："这次国家给的任务，意义重大，主持实验工作，非你莫属。刘慎谔老先生每年可以去一二次，出出主意，做你的高参。直接坐镇指挥，还得靠你。你已过了五十岁生日了，走路、爬山不便，我们打算让刘媖心协助你。有什么解决不了的难题，发一封电报来，我们第二天就动身。搞科学研究，成败是常事，你尽管放心、放手干，就是砸了，有林土所在，有我们顶着，决不让你出来做检讨。"这一番推心置腹的话，深深打动了他，任务就这样定下来了。

刘媖心是刘慎谔的独女，抗日战争时期毕业于西北农学院，后来教过中学，在林土所研究植物分类学，参加编写《东北木本植物志》。她做过章古台治沙组的秘书，行政工作拿得下来，特别是对沙生植物比较熟悉，是业务骨干。那年她37岁，在刘老、李老和初出大专校门的青年间，可以起个承上启下的作用。让她协助李鸣冈，是很合适的人选。但是，刘媖心和她的丈夫黄兆华原来都在东北农学院教书，三个孩子中最小的才6岁。刘媖心分到中科院林土所后，他们就分居沈阳、哈尔滨两地了。农学院一再向林土所商调刘媖心，林土所不放，如果再选她去西北，一年有九个月不能回家，怎么照顾家庭呢？于人情上也说不过去。朱济凡思来想去，还是下了决心。刘慎谔不但不阻拦，而且鼓励女儿到更广阔、严酷的环境中去闯练。刘媖心惋惜地放下手头书稿，把家事托给老母代劳，二话没说，整装待发。

课题负责人确定后，朱济凡向全所做了简短有力的动员。他先着重讲了修筑这条贯通西北的大动脉的重要意义，这项任务的紧迫性，早修成一天，白银等矿就可以早开发一天。铁路不能走南路，因为那里有"盲肠"，只能走北路，闯过大流沙。科学院林土所受命与铁道部签订合同，三年为期，必须保质保量如期完成任务，交出方案。同志们要急祖国之所急，勇挑重担，委任李鸣冈为课题负责人，组织队伍，挑谁谁去，其他工作都要让路。

他的话在人们心中激起层层波澜。热血在胸中奔涌着的知识分子和青年们，深深懂得祖国交给的任务是艰巨的，也是光荣的。他们不愿意放过这一锻炼自己、报效祖国的机会，但他们也在暗自思忖着各自的困难怎么安排。西北大沙漠是什么样，大家都没见过，古代史料和边塞诗词描绘的是一派荒凉凄惨景象，大沙漠里"上无飞鸟，下无走兽""黄沙入天，八月飞霜""识路寻遗骨，占风验老驼"；现代也有种种近乎离奇的传闻，如说风能把人卷上高空，挂在树上，或者说一夜狂风，早上积沙就封了门。人们将信将疑，心目中投下了一圈朦胧暗影。

朱济凡分层次深入做思想工作。他针对青年思想的实际，结合科学工作的特点，讲了到西北对发展科学事业的重要意义，对祖国建设的巨大作用，激起了青年们极大的热情。李玉俊在沈阳念过三年农校，因为缺钱，没回过一次河南老家。这年他父亲卖了家里仅有的一口猪，寄钱让他春节回去探亲。他经过激烈的思想斗争，"团员不去谁去？"，他狠狠心把钱寄回家里，主动报名去西北，朱济凡立即批准。

李鸣冈选中了原土壤室的四川大学毕业生陈隆亨，想让他跟留学法国的副研究员张木匋学习搞地貌土壤。土壤室领导有点儿不想放，他本人也不大愿意，倒不是怕吃苦，而是因为他正突击学俄语，准备随从以朱济凡为团长的中苏联合黑龙江考察队出发，改去西北就会失掉一次学习的好机会。朱济凡带头挖自己的"墙角"，说服陈隆亨，"学俄语机会还有，去西北同样能向苏联专家学习"。陈隆亨想通了，愉快地服从调动。

李鸣冈选中了陈文瑞。他是辽宁人，出身贫苦农民家庭，伪满洲国时上过国高（相当中学），没钱，念不下去，到盐场扛包。国民党接管东北，为逃避抓壮丁，中专没念完。直到新中国成立后，靠公费，二十六七岁才从中等专科学校毕业。他有强烈的民族意识，也爱钻研。他没有料到自己学历不高，却被选做科研工作，因此拼命要搞出成绩，不辜负人民的培养。朱济凡对他着重讲了这条铁路对民族团结和巩固边陲的重要意义。陈文瑞脾性倔强，为了祖国，个人困难不在话下。

一支十二人的精干队伍很快就组成了，有地理、土壤、植物、林业各方面的专业人员，多半数是大学毕业不久的青年，也有科研经验较多的副研究员和助理研究员，以及动手能力较强的技术人员。从任务的艰巨程度看，队伍的人数是太少了，但是从当时的条件看，能够集中这样多的人才，已经很不容易了。再说沙漠条件，也不容去很多人。

驰 援

队伍组成，他们紧张地准备仪器、资料、工具、生活用品等。朱济凡让打开仓库，拣最好的装备，给他们每人一件老羊皮大衣，特制帆布高腰大头靴，结实的工作服等。诸事齐备，为了不误当年春季造林，李鸣冈派陈文瑞等人提前去章古台挖苗、剪条、搜集种子，派李玉俊去内蒙古吉兰泰挖梭梭苗。农历正月初五，当千家万户按照传统习俗正在欢度春节的时候，这支小小的科研队伍出发了。研究所的领导同志都到车站送行，以壮行色。

在沙坡头主持研究工作的铁道科学研究院的研究员翁元庆，特地赶到北京迎接林土所派出的这支科研尖兵，陪同刘慎谔等人去兰州，顺便向北京林学院要了些树苗带回去。为了节省时间，一行人先乘飞机到兰州。兰州铁路局有关人员到机场，热情欢迎来同他们一起斗风沙的战友们，并且派卡车送他们去中卫。再往西沙深，卡车行不得了，只能改骑骆驼去沙坡头。刘慎谔年龄大，骑小毛驴，其他人都生平第一遭爬上驼背，抓紧前峰的驼毛和缰绳，由老乡拉着，沿着黄河岸西行。

出中卫不到10公里便看到沙丘，连绵不断，越走越荒凉，正像李华《吊古战场文》描绘的"浩浩乎，平沙无垠，夐不见人，河水萦带，群山纠纷，黯兮惨悴，风悲日曛，蓬断草枯，凛若霜晨"。章古台和这里相比，真是小巫见大巫了。他们无心发思古的幽情，眼前最现实的问题是，怎样在这广阔的战场上和风沙搏斗？怎样战而胜之，阻止它的入侵？一时似乎无从想起，反正只要刘慎谔有办法，李鸣冈带头冲，他们不管有多少困难，都会紧紧跟上。

刘慎谔稳稳坐在驴背上，像个经验丰富的侦察兵，双目炯炯在沙丘上下远远近近地搜索。他在观察天然植被。骆驼迈着匀缓的步子，10多公里路差不多走了一上午，才到达翁元庆为他们安排的住地——童家园子村，这里生活条件比茶房庙稍好些。

林土所大部分同志已经在童家园子安家了，先遣队还在路上。陈文瑞等三人在欢庆春节的爆竹声和舞会的音乐声中，匆匆离开沈阳，登上了去彰武县的火车，到章古台治沙试验站取树苗。他们不知道沙坡头沙土的脾性适合长什么固沙植物，只能挑选在章古台表现好的。小黄柳长得快，杆插就能生根成活，差巴嘎蒿在章古台固沙中唱过主角。他们就截了许多黄柳枝条，小心翼翼包在湿沙里，挖了差巴嘎蒿的带根苗条和一些别的树苗，装上货车。照当年铁路规章，押运员要坐在货车厢里。铁皮闷罐车没暖气，冷得像冰窖，他们披着老羊皮大衣，手脚还冻得麻木。每到车站停车，他们就跳下去，跺脚、小跑，暖和暖和身体。货车厢不供应饭，只能看站台上有啥买啥，凑凑合合混一顿饭，有时还会饿肚子。货车在站上等编组，耗掉他们很多时间，晚上三人倚坐着熬过一夜又一夜。他们出来时都是壮汉，饥寒颠簸拖得他们也快散架了，车到宝鸡，听说当晚不走，真是个好机会，可得抓空好好睡一觉。他们在车站附近找了间小旅店。一倒下便昏昏沉沉，起不来了。不知过了多少时间，睁眼一看，坏了，天大亮了。忙不迭跑去找火车，车皮却在夜里挂上走了。真急死人，跑到车站交涉，又是解释，又是央告，挨了顿批评，总算作为"漏乘"，坐上了后面车次的车，直追到天水，才赶上货车。

火车过郑州以后，天气渐暖，包黄柳的湿沙开始消融，滴滴答答，车厢里又闷又潮，这些他们都没在意，焦急的是黄柳快发芽了，迟栽不好成活，心急车慢，整整半个月才到兰州，卸下杆苗，赶紧联系卡车运到中卫，然后雇八峰骆驼，连夜赶路。陈文瑞第一次骑骆驼，他以为幼驼驯顺，特别请拉骆驼的人为他选一匹幼骆驼骑上。一行人沿着美利渠进发，月光映照着黑幽幽的渠水，水声和驼铃声在旷野里回荡，远近的沙山影影绰绰像是隐藏着什么，陈文瑞猛想起，有人告诉过他，南山里有土匪，必须格外小心。他在旅店也看到过剿匪的解放军战士。陈文瑞望望拉骆驼人日炙沙打、毫无表情的脸孔，看来都是些老实穷汉，中间会不会隐藏着"强人"呢？谁说得准。陈文瑞在家乡卖过劳力，经历多，但是西北人生地不熟，摸不透呵。他警惕地观察前方和路两旁，思索如果发生什么事，将怎样应付，他有些心绪不宁，驼背只有鞍子，不备镫子，驼肚也不像马背容易夹，他前俯后仰、摇摇晃晃地走着，小驼不知看到什么白色东西，受了惊，三蹦两蹿把他摔在沙滩上。陈文瑞爬起来，顾不得疼，也顾不得查看哪里摔伤了，换一匹老驼，叮嘱拉驼人牵好，又上路了，摸黑走了一夜，破晓时，望见童家园子了。先来的同志高高兴兴迎接他们，小别兼旬，老熟人见面，却像他乡遇故知般兴奋。

李玉俊奉命去吉兰泰挖梭梭苗。吉兰泰对于他完全陌生，只听领导交代这是个大盐池，位于内蒙古自治区阿拉善左旗乌兰布和沙漠西南边缘，那里生长着茂密的沙生植物——梭梭。李玉俊年初四就出发，乘火车到兰州，转乘汽车到宁夏的银川，再从银川向北沿着冰封的黄河到阿拉善左旗政府所在的巴彦浩特，开始进入乌兰布和沙漠。

乌兰布和，在蒙语里的意思是"红色公牛"。可以想见这沙漠是何等凶猛！李玉俊请了十二位民工，雇了十三匹骆驼，沿着曲折小路，向吉兰泰盐池进发。骆驼主为节省饲料，白天把骆驼放在荒滩上，让骆驼自行寻找干草枯梗吃，晚上才赶路。气温已降到-28℃，天空飘着小雪，朔风卷起阵阵白雾，北斗星闪着寒光。老驼工就凭星光和驼粪辨认方位和道路。李玉俊等人坐在骆驼背上，脸颊冻得生痛，要不时揉搓，两腿冻得麻木，骑一段就要下骆驼步行一段，以免冻伤。走乏了又要上去，人上下，骆驼都要跪曲前腿，他们抱着骆驼的脖子爬上爬下，格外辛苦。宿营时，拾些干柴驼粪，熬一锅稠粥，刚端起热碗，一阵风来洒上层沙粉，太硌牙，不敢嚼，只好囫囵吞下肚。小小帐篷挤不下，有的人便用老羊皮大衣兜头一裹，躺在沙丘上。朦胧里常被冻醒来。这样夜行军整整三天，才到达有野生梭梭苗的地方。梭梭根特深，挖一株就要掏个大坑，铁锹打在沙下冻层上纹丝不动，狠砍又怕伤根不好成活，费大劲才能挖一株。

他们在苦挖当中找到了窍门：干沙层厚 10 厘米以上的朝阳面沙丘没冻冰的比较好挖。主根至少 30 厘米才够栽植标准，还要尽量保存主根周围的原土，他们拼全力一天挖六七十株，整整挖了五天，看看差不多够数，舍不得花钱买绳子，拔些禾本科的沙竹搓成绳，把野生苗一小捆、一小捆扎好，再打成垛子，放在骆驼背上途经巴彦浩特，运到沙坡头。当驼队满载着带土的梭梭苗走进童家园子村，同志们又心痛，又感动，想不出他们怎么做到不误造林季节，完成了这趟风雪长征的任务。

两起采苗、运苗的任务都完成了，初战告捷，受到了刘慎谔、李鸣冈的表扬。

在观测站的生活

林土所的同志们都聚在童家园子里。长途跋涉之后，在满目沙荒中，有这么块安身之地，简直是到了世外桃源了。

童家园子紧靠黄河"小湾"河段的东侧，三面沙山环抱，其中有一处是中卫县著名的八景之一——"沙坡鸣钟"。据说全国像此地沙山这样的"鸣沙"多在沙漠腹地，人迹罕至。弯弯的新月形沙丘脊线高出地面七八十米，晴朗天，人从坡顶坐在沙上向下滑，边滑边用力蹬沙，沙粒如飞瀑下泻，发出嗡嗡的响声，滑得越快，蹬得越有力，响声也越大。关于这个奇景有段传说，古时这里有座城池，某某国王路过，认为此地环山滨河风水好，是块宝地，应当建座金库，金库落成之日，大张华宴，广邀宾客。正宴饮间，突然天昏地暗，狂飙骤起，飞沙走石，顷刻间湮没了整座城池，居民和贺客统统葬身沙砾。现在滑沙时，如果触到古城钟楼悬挂的大钟钟耳，它就会发出嗡嗡声，给人以苍凉而深沉的历史回响。可幸的是，大祸降临时，居民中有一个小男孩不在城里，幸免于难，人们唤他"童子"。童家园子村十三户，据说都是那幸存者的后代，他们族规不准招赘，保持着清一色童姓。

鸣钟沙山下有一小股泉溪露头，溪水经过层层沙砾的涤滤，清洌极了，不知谁给它起了个雅致的名字叫艾溪。村民引水灌地，把这块小小宝地开成园子，种菜种果。水润沙暖春来早，一畦畦韭菜绿油油，村人割了，运到3公里外的下河沿煤矿去卖，要比别处韭菜早十几天。而后，梨花、苹果花次第开放，粉白、绯红一片。沙海孤村仿佛江南一隅！秋来，枣树上点点猩红，收完枣，农事已毕，村民准备过冬了。

童家园子村与外界连通的唯一水上交通工具是羊皮筏子。用十四只羊割下头和四蹄，在臀部划开口子，巧妙地掏出内脏和肌肉，刮去羊毛，只留下皮腔，在河水里浸泡干净，再涂上香油，用结实的麻绳把颈腔和四腿口子扎紧，做成了形状独特的救生圈，再将耐水的干柳枝剥去皮，扎成框架，把十四个羊皮救生圈缚在下面，羊皮筏子就做成了，可以载重千斤。童家园子的几户人家就用它运载果菜，放乎中流，顺水划到下河沿煤矿去卖，然后拆了黄柳框架，把羊皮腔里的空气放出来，拍扁，扛着沿黄河走回来。村里人靠几亩薄田和园子度日，兼做些别的营生，如拉骆驼、拉纤（把船沿引黄河水到中卫的美利渠逆水拽上来）或者到煤矿做季节工，补助家用。全村只一个人粗通文字。他们祖祖辈辈过着清贫闭塞的生活。

赵性存等向村人宣传修筑包兰路的重要意义，说明有十几位研究人员要来，恳请大家挤几间房安置这批客人。沙村孤寂，难得有人来。村人热切盼望能见到亲朋好友，哪怕是陌生人，只要是和善的，他们也热情欢迎，扫炕以待。驼队到时，全村男女老少都聚在村口观看，他们惊奇地端详着这群衣着特别的男女——黄麻布野外工作服，脚蹬大头翻毛皮鞋，为防森林虫蜇，脖子、手腕、脚踝都扎紧，一身鼓鼓囊囊还缀着很多口袋装笔记本、皮尺等。来人也惊奇地端详着这群衣衫褴褛，蓬头垢面的桃源中人。他们三十年后回忆起初次会面的情景，风趣地说，村里人不知道什么外星人，大概看我们像舞台上的孙猴子吧；

我们看他们有点像野人。他们很快就彼此熟悉，并且建立起亲密友谊。林土所的同志在村里办了识字班，进城里办事捎带为村人买东西，村人也待他们亲如家人。这些都是后话。

观测站为新来的战友精心安排生活，租间房作伙房，砌起炉灶，请了位姓李的厨师。他的手艺在中卫数得着。管理员刘楚卿很会经营，当时一元钱能买四十个鸡蛋，伙食办得不错。伙房门前有一棵大梨树，像撑了把绿伞，下面是饭场，也是学习、讨论的会场，后来添置了一张长桌，兼作餐桌和乒乓球台，在交流情况、讨论和争辩之余，可以乒乒乓乓战一场。暮色渐浓，各自回屋，点亮煤油灯，压植物标本，做记录、记日记、看书，有时忙过半夜饿了，拿个鸡蛋在煤油灯罩口上烘一会，就是美味夜餐。累极了，往炕上一倒，在黄河阵阵涛声中入梦。黎明就起身，到艾溪盥洗，捧一掬清清的溪水，从头上淋下来，擦擦脸颊，你会感到头脑格外清醒。然后，在空旷河滩上，呼吸新鲜空气、散步、做操、朗读课文，或者背植物的拉丁文学名。早餐后，开始工作。

科学工作是富有诱惑力的，充满了神圣感和崇高感，但科学工作同时又是复杂的、艰苦的，甚至是呆板枯燥的。他要求你要有一丝不苟的精神，要有像机械程序一般不可违背的纪律和规章制度。李鸣冈立下了工作和学习的严格规矩，要求每个人都要认真执行。他告诉大家，科研工作是探索的过程，也是学习的过程，只有不断地学习，不断地探索，不断地攀登，才有可能摘取科学之树上的丰硕之果。外语是科研工作的重要工具，李鸣冈针对大家外语基础不够扎实的状况，指定一本专业外文书，要求每人分章分节，翻译讲解，然后讨论、评议。

搞植物固沙，植物学是必修课，要结合当地情况进修。李鸣冈叫刘媄心采标本，每周讲一次课，课后把标本挂在门口，标上拉丁文学名，大家进出都能看到，不知不觉就记牢了。李鸣冈还规定要定期考试，由于大家牢记着三年完成任务的期限，要争分夺秒，丝毫不敢放松，因此，学得津津有味，兴趣浓厚，效果也十分显著。

刘媖心先生在野外进行植物调查（1959 年）

第四章
播种希望

　　沙粒飞瀑般下泻，年轻的治沙人在长者的引领下，在这沙都里寻找着天然植被的规律。种在沙障中的植物吐出了新芽，是治沙人的心里的希望。

定　计

　　根据铁道科学研究院、第一设计院和林土所签订的合同，为了工作方便，双方把原观察站和林土所来的人合在一起，组成铁路防沙研究工作站。新来的人迫不及待要求工作，翁元庆、赵性存等先向他们介绍情况，拿出两年来勘探实测所得的资料和数据，他们手绘的当地详图、风向频率玫瑰图、风向风速年图，以及兰州大学地理系协助整理的地质、土壤资料等，因为只有两年的观察，各年变率如何，还不能预见。初步看来，这儿风大而频，方向多变，而且春风凌厉，正当植物萌发期，种子来不及发芽扎根就被风刮跑了。雨量少，沙层厚，地下水藏得深，植物吸收不上。水分不足，养分又缺，植物很难生长。夏季沙面奇热，植物忍受不了。北面高大沙丘上几乎寸草不生，怎样造林固沙呢？如果不能采取生物固沙，只求诸"机械"的办法，如试验在路基两侧垒平台，立板障，这样施工难、造价高，以后每隔几年还要把板障拔高一次，板朽了要更新，耗费的人力、物力、财力就更大了，关系到整条铁路的造价。奇怪的是，他们北上考察时，发现西边一碗泉等地地下水位也低，但植被却很好，前年他们住进茶房庙后，在附近种了一小片沙枣，活下来了。去年春天在墙根栽的几株钻天杨，夏天也挂着绿叶，是什么道理？他们还没有系统研究，如果能突破威胁铁路最大的这一难关——在沙坡头一带高大沙丘上造林固沙，其他地方就不在话下了。

　　刘慎谔、李鸣冈等人仔细听他们介绍情况，认真地思索，然后请翁元庆、赵性存带他们去看，先从最困难的关键地段看起。他们从"沙坡鸣钟"向上攀登，一步一陷，脚踩下去，沙就没过脚背，费力地拔出来，沙粒纷纷跌落，互相碰撞着、推拥着，汇成一股股沙泉向下流淌。他们艰难地弯着身躯，手脚并用向上爬，十几个人手脚扒下的沙粒，瀑布般顺陡坡奔泻而下。这新鲜的经历使青年们感到很有趣。爬到黄河第二台阶地，离地面大约50米处，累得一个个气喘吁吁，翁元庆招呼大家坐下来歇歇。他们转身坐在沙坡上。呀！真奇怪，黄河似乎跟他们跃上了第二台阶地，横卧在鸣钟沙山脚下。如果谁不留神滑下去，收不住脚，就会落入黄河旋涡。他们惊呼、赞叹，站起来观察地形，他们正坐在新月形沙丘的凹处，半坡微微凸出，这种幻觉可能是光线折射的原因。不知腾格里还将用怎样奇妙的景观款待他的客人。继续向上爬，登上沙山顶，豁然开朗，层峦叠嶂，无边无际，雄浑辽阔，苍黄一色。那沙岭上的脊线迂回婉转，纵横交错，宛如同纹织锦上的图案，单一中含着变化，粗犷里透着柔和，这真是大沙漠独有的壮美，不由你不心折神驰。

腾格里永不满足它的创作，不断把它塑就的千姿万态的沙丘推倒重塑；把勾绘出的弯弯曲曲的脊线抹掉重描。它用这种神奇莫测的象形文字抒写它内心的奥秘，谁闯进它的王国，若猜不透它的谜，就会被这斯芬克斯无情吞噬！现在这些奉命治沙的青年站在高高沙岭上，向下看童家园子，房子像小盒子，大沙漠的壮美，令他们激动，大自然的威力，令他们震撼。他们蓦地想起黄梅戏影片里七仙女站在云端，俯瞰人间的情景。但这里没有天上宫阙，只有腾格里的一统天下！他们得在它的禁区里摆开试验室，破译它的神秘文字，解开它的复杂公式，找出它的活动规律，提出防止它侵袭铁路的方案。三年交卷，最后还要经过它认可、判分。虽然他们都是经过多少次学校考试的优秀生，但碰上这样的重大难题，也不由得担心发怵，说实话，心里害怕。他们彼此默默交换着询问的眼光："这么大的沙丘，连绵不断，怎么治理呢？"

刘慎谔镇定自若地举着望远镜，细细观察，沙窝里，河岸边，哪怕是一株花棒残骸，他也不放过。最后，焦点对准黄河南岸，他反反复复看来看去，脸上绽开了笑容，把望远镜递给李鸣冈。往回走的路上，刘慎谔问翁元庆："你看到黄河溜坡上的植物了吗？"翁元庆是两年前来的，当然看过了。刘慎谔又说："看来黄河南岸有天然植被，覆盖度还不小哩。"翁元庆肯定了他的观察。刘慎谔站定，直望着翁元庆，坚定地说："天然的能成活，为什么凭人力就不能栽活呢？只要我们进行长期研究，根据当地条件，善于选择抗旱性强的植物，还是能够达到固沙的目的。我们要坚定信心，努力工作，坚持到底。"他的坚强信心感染了大家，直到三十年后翁元庆还清晰地记得。他们考察后仍从沙坡鸣钟返回，下山不用爬，只坐在沙上，像坐雪橇似的，脚蹬手划，顺着陡坡向下滑，沙粒飞瀑般下泻，滑过半坡以后，听到沙子发出嗡嗡响声，用深沉的低音向他们耳语："有希望，有希望。"他们感到声音越来越大，在他们心中久久回响。

当晚，他们挤在炕上炕下，展开一场热烈的讨论，分析情况，部署工作。大家一致认为应当集中力量，先探讨铁路两侧植物固沙的可能性问题。沙坡头一带植物生长的立地条件十分严酷，但还不是绝对不能存活，黄河南岸和一碗泉等地的天然植被就是证明。那里和这里植物生存的条件相近，为什么那里的植物能活呢？只要我们弄清楚天然植被的规律，就有可能凭人工栽活固沙植物。要解决植物固沙可能性问题，需要回答几个问题。

第一，怎样栽得住？沙坡头的特点是风沙严重，幼苗和种子被风蚀沙埋，或者被风刮跑，不能扎根，要研究怎样栽得住。

第二，怎样栽得活？这里干旱贫瘠，植物难以生长，要进一步摸清自然概况、气象要素、地貌、水分和养分等植物生长的基本条件，这些是能否实行植物固沙的科学依据。

第三，怎样选择固沙植物种？要能耐干旱贫瘠，又能固沙的。

第四，怎样栽？研究苗木规格、栽植密度、栽种季节、栽在沙丘什么部位等，是纯林（单一树种）还是混交林？

最后，怎样才算固定沙地、半固定沙地？植物覆盖度要达到多少？

他们的课题要围绕这些问题进行，各按自己的专业分工负责，试验方法和设备自行设计，试验地点自选。每年春秋两季造林种草，全体参加，具体工作由李鸣冈安排，刘媖心协助。此外，派张志敏去毛茨滩中卫县林场育苗。

开始行动

部署既定，首先由刘慎谔、李鸣冈组织人员，到黄河南岸考察天然植被并采种挖苗。河水初融，寒冷彻骨，除了羊皮筏子再没别的渡河工具。筏子没舱没舵，全凭一支短桨驱动，坐筏子有几分危险，但是，不入虎穴，焉得虎子！他们和村里老练的羊皮筏子手商议，雇两只筏子，刘慎谔、李鸣冈居中，年轻人压住四角，筏子一桨离了岸，像一叶芦苇，漂浮在黄河波涛上，随着风浪起伏倾侧，河水打湿了他们的衣裳。大家默默握紧柳枝扎的框架，手心里捏着一把汗，特别是年轻人，担心地注视着两位长者。刘慎谔看出了大家的紧张神情，就联系考察的内容讲起沙地植被的重叠演替和交叉演替来。他的独特见解、丰富知识和生动语言吸住了大家的注意力，不知不觉渡过了黄河宽阔的河面，到达南岸。

上岸就望见不远处一片沙丘上面星星点点洒布着多年生灌木的枯枝断梗，近前细看是油蒿群落，已开始萌动了。刘慎谔估量着植被的覆盖度和沙丘固定程度，高兴地对大家说："这块沙丘就是我们的样板，将来铁路沿线能达到这程度，通火车就没问题了。看到了这样的样板，我们要有信心。"他拨开蒿子根部的沙土，叫大家仔细察看，解释道："蒿子，我们把它当作草，实际上，它非草非木，到冬天上半截枯死，下半截却不死，但木质化程度不高，没有明显的主杆，所以叫作半灌木。"

他们仔细观察沙丘中都混生着哪些植物种，刘慎谔发现了籽蒿。籽蒿和油蒿早春萌发时形态极其相似，难以分辨。同志们由此议论起两个蒿种的异同，又联想到章古台的差巴嘎蒿：为什么此地的天然植被是以油蒿为主的群落，而章古台却是差巴嘎蒿呢？倘若把差巴嘎蒿移到这里，不知哪个蒿种生长得好？这一问题引起刘慎谔反复思考，他进一步分析蒿类各个种的共性、个性及其防沙作用。他说："由于地带大气候的不同，蒿子的种类也不同，在东北地区的西部和小腾格里沙地东部有差巴嘎蒿，在内蒙古伊克昭盟和巴彦淖尔盟①，一直到甘肃乌鞘岭以东有油蒿和籽蒿。这几种蒿子都有一个共同特性——喜沙。因此在开始固沙的时期我们就需要它。籽蒿的枝条是直立的，我把它比作筷子，它不能覆盖地面，很少积沙；而油蒿能形成个丛，枝条密而柔软，能够抓沙。所以在沙坡头固沙必须把蒿子配合进去，而且一定要用油蒿而不是籽蒿。籽蒿的固沙作用不好，我们就可以用沙障来代替这个先锋阶段的植被，植被演替是不能改变的，但可以根据我们的需要来控制，不能死搬，要灵活运用，但是演替规律的原则，决不能违背。"一席话使他们开了心窍，看到了希望所在。大家高高兴兴地在李鸣冈指挥下，一齐动手挖油蒿、籽蒿的根子，运回北岸，回程中大家不顾筏子颠簸，兴奋地谈论着"直立的筷子"、"抓沙子的耙子"、固沙的先锋植物和后期植物等。怎样才能揭开大自然的奥秘，怎样才能不违背大自然的演替规律，而又灵活地加以运用，来达到人的目的呢？这些道理虽然他们一时还体会不深，但是已经看到了一条探索的路子。

　　沙漠是大地的创伤，有的是远古形成的，有的是近世形成的，有的是由于自然的原因，有的是人为的原因。如过度砍伐、樵采、开垦、放牧等破坏生态环境，就造成了沙漠。在一定条件下，沙漠可能逐渐逆转，由流沙再演变成有一定植被的半固定沙丘和植被密度更大的固定沙丘。在漫长的天然植被恢复过程中，各个阶段，沙丘的立地条件不同，植被也就不一样，流沙上很少有植物，半固定沙丘上生长的多是先锋植物，也有些后期植物。随着沙丘的逐渐固定，先锋植物不适应，开始衰败，后期植物就代之而起，沙丘再进一步固定，后期植物也渐渐衰败，顶极植物又取代了它。大自然的演变要经历几十年、几百年，甚至更长的时间，人们不能等待，因此，就要研究它演变过程的各

① 编者注：今鄂尔多斯市和巴彦淖尔市。

个阶段——流沙、半固定沙丘、固定沙丘的典型，加以比较分析，找出各阶段间演变的规律来。再根据这些规律，指导人工植被的创建，在大量种植先锋植物时，就预见到它的衰败，而准备好后续的植物种。

在考察黄河南岸植被以后，又根据翁元庆等同志提供的线索，刘慎谔、李鸣冈、刘媖心、陈隆亨、李玉俊决定去铁路西北沙区和一碗泉一带考察，主要考察植被，同时也考察地质和沙源。他们雇骆驼、请向导，带一顶小帐篷和必需品就出发了。他们这一行北达通湖山附近，看到水草丰茂的草地，在蒙古族牧民的羊圈借宿，羊粪熏人欲呕，加盐的羊奶他们喝不惯，但是兄弟民族的盛情却使他们十分感动。他们终于找到一处茂密的柠条群落，使他们大喜欲狂了。这是发现油蒿群落后的新收获。油蒿是半灌木，柠条是灌木，说明这里沙丘固定程度又高了一层，柠条已经结束冬眠，充满欣欣生意。他们仔细观察，心里也充满希望。

刘慎谔分析灌木的作用说："在固沙方面，蒿子只能起草的作用，必须和灌木如花棒、柠条等配合起来才行。草和灌木结合才能达到治沙的目的。自然界的规律是先草后灌木，我们根据治沙的需要可以灌、草并进，有条件可以同级代替，这不算违背自然规律，只有草、灌结合才能加快改造自然的速度。"他又结合大家熟悉的章古台治沙经验，进一步说明灌、草结合的必要："如在科尔沁沙地黄柳的根系虽然发达，但也不能单独固定流沙，因为容易被风刨出来，如果有蒿子配合，蒿子护住沙面，黄柳的根就不容易被风暴露出来。所以必须草、灌结合才能发挥固沙作用。"

归途中他们又发现了一处"黑坑"，远望灰乎乎的，近看才弄清，原来是沙窝里长满蒿子，他们像意外地挖到宝物似的，格外高兴。看来植物固沙是有可能的，虽然十分困难。刘慎谔的指导思想也明确、具体，有说服力，他们初来时，有些儿"望沙生畏"，不知从何着手，经过调查，觉得踏实多了。他们体会到要先学习自然，才能改变自然，要研究天然植被，掌握自然规律，再灵活加以运用，提出方案，用植物固沙。接着，他们又到甘肃河西走廊，对群众治沙经验和沙生植物，做了一番考察。他们萌生了一种跃跃欲试的心情，急着回去安排实验。

怎样才能栽得住固沙植物？要不要机械固沙？设不设立沙障？设沙障费本费工，如果不设，固沙植物栽得住，当然最好。但是，从现状看很困难。研究工作要双管齐下，既试验直播，在沙丘上直接插条、栽草、撒播草籽，又试验各种形式的沙障，如全面平铺、条状沙障等。所谓全面平铺，就是用黏土或者麦草、卵石等材料把小沙丘整个包起来，把沙粒关闭在土牢里，不准它乱动。这办法费料费工，铺太薄不管事，厚了不利植物生长，而且日久黏土干得开裂，沙子还会从缝隙里跑出来。他们就地取材，中卫县麦草多，他们就用麦草平铺，先在沙丘上撒播草和灌木种子，盖上一层麦草，再压上沙，风刮不动了，小苗儿可以蒙上厚厚的被窝睡大觉，安安稳稳发芽扎根。他们也试验带状平铺，在沙丘上铺上一条条麦草带，中间撒播草籽和灌木籽，重重设障，就可以不受风的侵袭了。

抓住一线生机

三年来他们用各种方法，试验不设沙障直播固沙植物。1958 年又试验"大苗深栽"，用 80 厘米长的柽柳、杨树条深栽 70 厘米，地表露10 厘米，根埋入湿沙层。当年成活三成，以后风蚀沙埋，全部死亡。大苗栽的柽柳，根本没活。他们还试验过"大粒直播"，在沙生植物细小轻薄的种子外面敷一层羊粪和泥土，像摇元宵似的团成小球，直播在沙丘上，但是沙面始终冷清清，没一丝绿意，即使生出苗儿，风蚀沙埋，也无影无踪了，剩下的仍是一片荒芜，倒是被风吹卷，偶然滚到沙障格子里的抽出了新芽。真是"有意栽花花不发，无心插柳柳成荫"。事实告诉他们，在风沙凌厉的高大格状沙丘上，植物无障不活。

树苗、草籽种下去能不能成活，既要靠种植试验，更需弄清植物生长的基本条件——气象因素和沙碛土壤的物理、化学性质等。陈隆亨跟张木匐查阅外国文献、资料，对照研究这一带沙丘属于什么类型，发现分布最广的是格状沙丘；并且系统测定甘塘段铁路两侧的土壤类型和特性，大体可以分成八种：流沙、棕钙土、沙土、沙质棕钙土、草甸沼泽土、盐渍化草甸土、白僵土、冲积卵石地（或圆砾地）。以沙坡头为中心，东西延伸约 16 公里，沙丘高大，沙层厚几米至几十米，覆盖在石岩、砂岩上。地下水藏得很深，沙层中含的水分来源主要是大气降水。沙粒又匀又细，物理性黏粒很少，一盘散沙，雨水落下很快就渗下去了，沙地能保持的水分微乎其微，水分的酸碱度接近中性，植物可以利用。沙土中有机质特别少，可怜的沙坡头患了严重的贫血症，还能孕育生命吗？

天不绝人，还有一线生机。根据 1954—1955 年实测，年降水都在 170 毫米上下，雨水落下来，边蒸发边下渗了，到底沙层下保存了多少水分？够不够维持耐旱植物活命？这无书可查，谁也说不清，只有靠实测了。李鸣冈把这个任务交给陈文瑞和两个助手。

陈文瑞是在艰难贫困中摸爬滚打过来的，锻炼出他自称为"穷鼓捣"的精神和本领，不管条件多困难，他总归会想出种种"穷办法""土办法"来完成任务。他在沙坡头和一碗泉各选了一个点，定期观测。测量的深度为 3 米，分作 14 层，每层 20 厘米，要测出各层的含水量，看植物的根要伸到哪一层，才能吸着水。超过 3 米，一般植物根达不到，再往深测也没实际意义了。

钻沙取样没现成器械，陈文瑞就自行设计、制作了一根 3 米多长的钻杆，配上他们从沈阳带来的许多盛沙样的铝盒，就是全部行头了。定位测验每月做三次，一个点打两钻，为的是取平均值，力求准确。取了沙样，称出湿沙的重量，烘干了，再称干沙的重量，把湿沙重量减去干沙重量，就得出水分重量，最后计算出水分重量和干沙重量的比例。这是粗活，一根钻杆几十斤重，钻个孔要耗体力；也是细活，因为沙中含水少，稍一疏忽，就影响精确度，而且要持之以恒，短期看不出规律性。这看来，平凡的工作却要求高度责任心、科学的态度和毅力！陈文瑞耐心地为这块病入膏肓的天地量脉搏，取血检验，天平指针的微微倾侧都引起他心脏的震颤，他由衷盼望贫血的大地有希望康复。

土法上马快，陈文瑞4月就开始观测了。去一碗泉，要头天晚上出发，陈文瑞和伙伴们全身披挂，他们穿了那件长得扫脚背的老羊皮褂，束根腰带就是大衣，放下来可以当睡袋。他们扛着几十斤重的钻杆，背着百多个铝制样盒和三个人一天的干粮、水。赶到一碗泉天还没亮，他们坐以待旦。夜空穹隆样笼罩着万籁俱寂的旷野，天心一钩新月，映照着地面无数新月形沙丘，投下了横斜幽暗的阴影。他们听别人说这里发现过狼，不知什么野物会突然从沙丘背后窜出来，他们背靠背坐着，手中捏着电筒，夜色朦胧中，远望他们像三只毛茸茸的老虎蹲踞在沙丘上。老乡幽默地称他们为"山羊大虎"。有时他们也轮流躺躺，小睡片刻。或者站起来活动活动，暖暖身子，间或谈谈工作，叙叙家常，讲讲笑话，排遣紧张、困倦和寂寞。渐渐月色黯淡，东方发白，他们兴奋地跳起来，奔向试验地点，开始一天的工作。

他们后来找到了栖身之地，结束了风餐露宿的生活。一碗泉北面有些地方草滩和沙漠错杂，蒙、汉牧民修建了羊圈，在附近放牧。一次，陈文瑞他们发现了羊圈，就登门拜访，牧民热情地接待了这些远客。人们处境孤寂，就特别欢喜见到友善的人。牧人挤出鲜羊奶，放一撮盐捧给他们喝。他们也拿出蒸馍回敬。入夜在昏暗的马灯光下，在浓烈的羊膻气、羊粪味中，挤坐在土炕上，半懂不懂地聊天。陈文瑞自己受过苦，也最容易结交劳苦人，他们很快就成了朋友，羊圈成了温暖的旅舍，他们几十斤重的钻杆就存放在这里，用不着扛来扛去了。

打钻取湿沙样不简单，陈文瑞再三叮嘱两个伙伴旋转钻柄时手脚要轻，动作要利落，钻得急，摩擦生热，沙里含的那一点点水分会蒸发掉一部分，数据便不准了。他们小心翼翼、紧紧张张取足三十个沙样，赶天黑前返回沙坡头，怕耽误时间，盒子不可能封得那么严密，怕水分蒸发。他到家就坐在天平跟前，尽管累得睁不开眼，直不起腰，也得强撑着一口气称完三十个沙样，准确无误地记下数据，才放心躺倒，昏沉沉睡去。称完湿沙重量，下一步是烘沙。开始没有烘箱，陈文瑞迫不及待，就把样盒放在大锅上烘，一时没弄到无烟煤，就用木炭代替，木炭没烧透，灶又没装大烟囱，烧起来浓烟滚滚，呛得人不敢近前，陈文瑞被熏倒不止一次，醒过来又坐在天平前面，一份沙样至少称两遍，重量相符说明水分完全烤干了，如果第二次比第一次轻，说明第一次没完全烘干，第二次是不是完全烤干了呢？还要再烤一次，第二、第三次重量完全一样，才记下数据，再计算出含水量百分比。一个试验点打两个钻孔，数据互相核校，求出平均值。一个点隔九天做一次，求出一月的平均值。两个观测点，一个点 14 层，一个月要钻孔取样 180份，烘沙样至少 360 次，称沙重至少 540 次，这样反反复复不厌其烦，为的是在设备简陋条件下，尽可能准确。有的人担心他的数据靠不住，"大老陈，你大锅炒沙子，能行吗？"陈文瑞不愿多辩解，他不能坐等，居里夫人当初不也是在简陋不堪的地下室里提炼镭，自己又当工人，又当技术员吗？但是，陋室里却放射出了普照世界的光辉。尽管他做的事，远不能和居里夫人相比，但她的精神是应该学的。他有自己的信念，要用愚公精神去感动腾格里的精灵。后来铁道部门为他制作了烘箱，解决了燃料，虽然不是现代化电烘箱，但他已经很满意了，增强了他对数据精确度的信心。

陈文瑞将他们测得的大量数据，加以整理，参照苏联书上的画法，略加改进，绘制成格状新月形沙丘丘间凹地沙层湿度等值线图。这张图能使人一目了然地看明白某月的降水量、干沙层厚度、沙层下面 3 米内不同深度水分情况。这图设计巧妙，上面横坐标排列月份，纵坐标表现沙层相同湿度连成的曲线，既显示出降水多少与干沙层薄厚的关系，又显示出一年中沙层干湿的变化。在弯弯曲曲的表示湿度的线钩出的空档里填上不同颜色，如含水小于 1% 留空白，大于 5% 涂黑，中间2%、3%、4% 划上深浅蓝色，你就一眼看清某月降水多少能渗入沙表多深，地表下各沙层含水多少，植物根伸到哪层就能吸到水，好像站在青岛水族馆大玻璃柜前，清清楚楚看到水底哪里铺着沙石，哪里飘着水草，哪里有鱼在浮游。透视沙层水的动态，才便于寻找它的规律。

陈文瑞等人测了一月又一月，把沙坡头、一碗泉凹地沙层湿度等值线图这长卷画轴一点点展开：1956 年降水几乎比头两年多一半，7 月到8 月中旬雨水最充沛，地表下 3 米深沙层还含水分 4%—5%；9 月、10

月雨水少，沙表下 20 厘米沙层只含水 1%—2%，但是 40 厘米下仍有 2%—3%含水量。他们认真、仔细地连测半年，终于发现了高大格状沙丘的一个秘密：不管哪个月降水多少，沙表面 40 厘米下面，始终稳定地保持着 2%—3%含水量。计算下来就是沙表下 3 米内贮有 90—140 毫米的水。这个发现太叫人兴奋了。谁知道看来丧尽生机的赤裸沙丘下面，潜藏着生命之水，似乎已经坏死的肢体里面，居然有血液流动，一息奄奄的大地母亲呀！他们摸到了她的脉搏，没有停止，虽然微弱，却很清晰，他们太高兴了。但是，还不敢宣布，时间短，拿不准，还要再看看，他们把这个秘密藏在自己心里，推动他们干得更认真、更起劲。

"十驼浇水"试验

在测量沙漠含水试验的同时，工作站长来找李鸣冈商量做灌水试验。李鸣冈性情直爽，坦率地说："浇水种树，算什么科学研究？要保护铁路，需造林几万亩以上，怎么浇得过来？而且以后连续浇下去，要花多少电费？行不通。"站长说服他："铁路 1958 年要通车，沙土下面水的情况一时不容易搞清楚，不浇水，植物能活吗？固沙问题不落实，我们睡不安稳，责任重大呀！不妨进行浇水试验，把浇与不浇对照比较。而且怎么浇水、什么植物多少时间浇一次、每次浇多少、植物生长季节浇多少、其他时间浇多少，也是科学试验嘛。铁路上可以支付这笔试验费。"最后他们商定：请一位长年临时工，雇十匹骆驼，由林土所同志拟出浇灌方案，在十个试验区轮流浇水，后来他们称之为"十驼浇水"试验。

在选择植物种上，他们展开了热烈的讨论。从沙坡头的立地条件看，种灌木、半灌木和草本植物希望较大，种乔木怕活不了，孤零零一两棵或许能活，大面积造林固沙，肯定不行，不必枉费力气。同时他们又考虑当初在章古台的情况，那时曾认为种不了樟子松，但在呼伦贝尔沙地引种过来，长得特别好。况且茶房庙试种的沙枣和钻天杨也都活了，正说明种乔木有成活可能。乔木经济价值高，覆盖度大，显然优于灌、草，不妨多试几种，如榆树、槐树、油松等。能不能活，让实践去裁决吧。

选用乡土植物种，还是多引种外地的，何者为主，也有些不同看法，最后也采取"兼容并包"，都试一试。除了从章古台、吉兰泰、北京带来的树苗、插条，从黄河南岸和一碗泉挖来的油蒿、柠条野生苗，又从中卫县各林场苗圃选用钻天杨、小叶杨、榆树、洋槐等，春秋两季，栽了十七万株，都是顺风向，成行栽种，乔木、灌木分开种，不混交，乔木、灌木、草本植物各占三分之一，乔木株距 1 米，灌木株距0.5 米，希望植株稠密好挡风。夏季又播了草籽。

1956 年老天帮忙，春秋降雨均匀，全年达到 230 毫米，比头两年多四成，是十几年来最湿润的一年。10 月份检查春秋两季栽种植物的成活率。从北京林学院带来的油松幼苗全部枯死，洋槐成活不足 1%，不设沙障，直接播在沙丘上的灌木、半灌木活得很少，全铺和条铺麦草沙障的地方，植物长得不错，油蒿、怪柳、小叶杨、紫穗槐成活 60%—70%，黄柳、花棒、梭梭也达到 20% 以上，柠条大约 10%。用骆驼运水浇灌的有些植物比不浇的长得好，也有的浇了反而长不好，因为根被水冲，裸露了出来。第一年就取得这样好的成绩，植物固沙放射出第一线诱人的曙光，他们心里充满了希望。

第五章
不平静中的转机

　　风吹破了沙障，把麦草撕成一缕一条，扔到了天边。"这不能算最后的失败"，治沙人吸取了彼得罗夫的经验，在两位长者的指引下，在黎明前的黑暗中迎来了曙光。

风沙的回应

近百年中国革命道路是那么漫长、曲折。它有时尘土飞扬、风沙扑面；有时泥泞坎坷，举步维艰。谁要幻想轻易取得成功，谁就趁早从这儿离开。

革命的道路是这样，建设的道路、科学的道路，同样也是这样。

沙坡头科学试验站的工作，伴随着温润宜人的气候，走过了鼓舞人心的一年。当他们沉浸在欢悦、庆幸中的时候，不平静的1957年来到了。这是一个自然气候异常的年头，也是一个政治风云多变的年头。

1957年春，黄柳孕蕾季节，李鸣冈一行人回到沙坡头。人员小有变动，张志敏等同志调走了，补充了些新生力量——刚从安徽林学院毕业的苏州姑娘蒋瑾等。

天意高难测。1956年是鼓舞人心的、十几年一遇的温润年，1957年却出现了酷暑、干旱和大风的最高纪录——此后三十年都没有超过的纪录。沙表温度高达75℃，最大风速每秒19米，全年降水仅仅88毫米。大自然摆出一副威严傲慢、凛然不可侵犯的架势，似乎有意要来考验一下沙坡头人的毅力、韧性和决心。

陈文瑞在大家回沈阳时，独自留守沙坡头，原期望再测几个月沙层水分，验证一下沙表40厘米沙层下是否始终保持2%—3%的含水率。但是，除了10月上旬的一次降水外，11月、12月滴水全无。干沙层越来越厚，不断向下延伸，到年底，2%—3%等湿线落到沙表下50厘米深处，标志着沙表下3米内贮水量减少了。大老陈等人的心也随着一点点往下沉。1957 年元月到 6 月，情况稍稍好转，7 月，旱情急剧恶化，2%—3%的等湿线降到沙表下 125 厘米的深处，8 月勉强升回到沙表下 80 厘米的地方。40 厘米上下稳定的 2%—3%等湿线被冲破了。他们的希望落空了。大老陈嘴角烧起了血泡。钻杆好像有千斤重。终于，8 月底盼来了一场中雨，水渗到沙表下 2 米深，接着又陆续下了几次小雨，2%—3%等湿线又弹回沙表下 40 厘米上下了。

这条 2%—3%等湿线虽随降水多少而升降，但从他们连续观测 21 个月的长过程看，它基本上是稳定的。这是因为这一带沙层厚，沙质疏松，黏粒极少，保不住水。雨雪降下来边蒸发、边下渗，浸湿沙层可以深达三五米，水分存贮在那里。雨雪过后，沙表面渐渐干燥，当干沙层达到一定厚度，就形成了保护层，覆盖在湿沙上，阻止湿沙里的水分蒸发，这就是淋溶性沙地的特点。

高大格状沙丘板着"不毛之地""生命禁区"的冷面孔，令人望而生畏，失望离去，谁能想到它在厚厚沙层下深藏密窖着这一泓珍贵的生命之水呢！腾格里冲他们的背影冷笑。但是对于真心诚意，不畏艰苦，肯在崎岖小路上攀登的人却袒露胸怀，吐露他自己的奥秘！可爱的腾格里，道是无情却有情！

大老陈压抑不住内心的喜悦和兴奋，卷起用心血和汗水绘制的等湿线图去找李鸣冈，他把图纸往桌上一放，高兴地说："李先生，你不是说靠浇水栽树算什么科学研究吗？你不是想探讨无灌溉条件下的植物固沙的可能性吗？看，这就是我们的本钱，地表 40 厘米下沙层保有稳定的 2%—3%的含水率。"李鸣冈展开图，一边听大老陈解说，一边提出各种问题，他知道陈文瑞是实干的人，不搞浮夸，沙下稳定的含水率，这可是书上查不到的新事，他思索了好一晌，忽地一拍桌子站起来，同样兴奋地说："好呀，我们可以写文章论证自己的观点了，但是，2%—3%水分本身，能养活什么植物，养活多少，达到多少盖度，归根结底，能不能固沙，这是我们下一步要研究的问题。"他们冷静下来，考虑安排什么实验，沙层含水率的测量仍须坚持下去，一两年不够，要几年或者更长的时间，而且要观测栽种植物后水分的变化。

风特别大，风速风向年图上，3 月到 6 月的矢线曲折反复，简直是一团乱麻，理不清头绪，几天一扬沙，尘沙蔽空，混沌一片，越是风大，李鸣冈越催大家上沙丘，"快去看看沙障是不是被吹毁了？固沙植物如果被风掏出来，快把沙拥上。如果被沙埋掉了，快把沙扒开。""不多观察，蹲在家里干什么！"有一次，刮起了十几年一遇的黑风暴，十一二级狂风挟着沙粒呼啸而来，气团以雷霆万钧之力扫荡旷野，一霎时，飞沙走石，天昏地暗，白昼变成黑夜，人在屋里对面坐，相距两米，竟辨不清对方面目。两小时后，桌上铺了一厚层沙子。风住，出门一看，房后堆积了一个小丘，顺沙丘往上爬，可以登上屋顶。观测风速风向仪器的小核桃粗细的长杆被风刮弯了，直吓人。

起风时，有两位同志在野外工作，被刮得站不住脚，只好用风衣兜头包紧自己，扒在沙窝里不动，听上面风沙怒吼狂奔，一切都笼罩在黑暗里。大地仿佛在发抖、摇动，真像神话里的世界末日来临，使人胆战心惊。风住，他们在暮色里摸下山，黄河岸边碗口粗的大柳树也被刮折了。他们想起那天遭遇，还有点后怕，风魔怪太凶狠了。

大风的第二天，他们上沙丘一看，全铺式沙障被风撕开了破口，风顺着破口把麦草"被窝"撕成一条条、一缕缕，扔到不知什么地方去了。真痛心，一年多辛苦栽树、铺草，所剩无几了。

1957年热得出奇，沙面热到什么程度？有段笑谈，可完全是真事。一位新来的同志乘早凉上沙丘，扛着锨，哼着歌曲，他嫌大头翻毛皮鞋捂脚，走一段路，就得弯腰倒一次灌进鞋里的沙子，耽误时间，他就穿着拖鞋往沙丘上爬，沙子顺着脚底溜走，这办法真不错。他忙了一上午，沙面越来越热，中午下丘时，脚踩下去，烫得眼泪直流，这才后悔没带鞋子。怎么回去呢？到哪里求援呢？总不能站在沙丘上等着被晒成干尸吧。他正着急，忽然想起个办法，幸亏肩上有把锨，他个子高，极力探身向前，挖个坑，瞄准一跳，双脚落在湿润的沙窝里，再朝前挖坑，跳进去，他一步一步跳回童家园子。同志们关切地问他烫伤脚没有？有同志说用鸡蛋清涂一涂，是治烫伤有效偏方。还好，没烫伤。大家笑得前仰后合，说他"这回可以和袋鼠比赛了""不，赶上草兔了""不，不，比起沙漠里特有的五趾跳鼠也不差，只缺条带箭镞的尾巴。"跳鼠爪上有毛，可以防烫，尾巴末梢分岔像箭镞一样，在沙上跳跃时起定向作用。说笑一阵，大家想起快把沙面温度测量出来，可能是创纪录的。果然，高达74℃。这样高温，别说植物耐不住，会枯死，就是蛇暴晒几分钟，也活不了。这又是植物固沙的又一个难题。

　　气候异常，这年的春季造林令人担忧，植物种子或苗木种在干沙里，怎么发芽呢？更伤心的是，头年成活的一些植物熬不过干旱，枝叶脱落，保存下来的越来越少。远地移来的都患了怀乡病，形容憔悴，颜色枯槁。就连生命力最强的本地野生苗，挣扎着吐出了新芽，但却不能正常生长。在野地里已经长大成丛的花棒，裂开层层灼伤的褐皮，奄奄一息，无力开花结实。茶房庙墙外的杨树，头年夏天还挂着绿叶，现在终于耗尽自己的养分，悄然死去。试验地里风卷着败叶枯枝，看不到柠条娇黄的碎花和花棒淡紫的花蕾。人们天天上丘观察，记载着不断下降的保存率，怎不黯然神伤呢！中午在饭场相会，交流的情况都是令人忧虑的，欢声笑语减少了，大家都在考虑怎样突破这个难关。

指　点

　　这严重的打击，使有的人怀疑无灌溉条件下植物固沙的可能性。精神压力也很大，三年合同过去一半，怎么办？

　　他们正苦思焦虑，5月间，意外地来了救援。科学院黄河中游水土保持队①由陈道明同志领队，带一批人考察陕、甘、宁的水土保持和沙漠治理，他们经宁夏去陕北。水保队的业务指导是苏联土库曼科学院院士彼得罗夫。他一路注意观察，发现试验沙障被风吹毁后，麦草到处乱飞，特别看到试验路基两侧折扇式板障上积沙成堆，到研究工作

————————

① 编者注：中国科学院黄河中游水土保持综合考察队。

站听了情况介绍，察觉了人们的隐忧。第二天早上考察队临去陕北榆林前，彼得罗夫向陈道明提出，他想迟走几天，留在沙坡头协助工作，随后赶到榆林会合。研究工作站的同志当然热烈欢迎。

工作站的同志陪同彼得罗夫到沙丘上上下下仔细考察了十来天，又取出这三年半测得的数据供他研究。彼得罗夫经过思索、准备后，便坐下来和大家讨论他的看法和建议，他分析自然条件，认为高大密集格状新月形沙丘上要搞植物固沙虽然十分困难，但不是没有可能，一时植物死亡现象，可能是受气候因素的影响，"不能算是最后的失败"。鼓励同志们要振起精神，总结成败的正反经验继续干。

关于挡风沙障，彼得罗夫在路上已经注意到了凌乱飞散的麦草，看来成片全铺的麦草沙障较差，铺草压沙薄了，易遭风毁，厚了雨水不易下渗，幼芽难于顶出来。带状沙障比全铺式沙障好，但是只能挡垂直方向的风，不能挡平行方向的风，不适应沙坡头交叉复杂的风向，而此地今年主风向正好是交叉的，因而考虑采取另一种方式试验。这一提示触动了赵性存，铁道部曾派人赴苏联考察中亚的沙区铁路，发现半隐蔽式草方格沙障很起作用，特地拍了张照片送给赵性存，供他参考，但是，怎么个做法不大清楚。彼得罗夫说，他打算推荐的正是这一种，并且可以实地示范，刚巧生活管理员才买了几千斤麦草，准备烧火做饭用，材料齐备，他们就上丘实干。

彼得罗夫指导大家把麦草铺成适当厚度的方格，用锹在麦草中间踩压到沙里大约 10 厘米，露在地表上大约 10—20 厘米。这种沙障的好处是，麦草切压到沙里比铺在面上牢固，不易被风吹毁；沙障做成方格可以应付多方向的风。风吹沙动，主要在贴近地表的 20 厘米内，越高力越弱，栽上 20 多厘米高的沙障好似把地面变成刷子，可以削弱风势，使沙子沉下来，就像丛林战中栽上棋盘格式的竹桩，骑兵不能任意奔突了。"寸草遮丈风"就是这个道理。沙障不难做，大家一晌就学会了。翁元庆请彼得罗夫下山休息，他却兴致勃勃地跟大家继续干。

李鸣冈认为沙坡头的自然条件和苏联中亚不同，半隐蔽格状沙障什么规格合适，还要多试试。他们讨论的结果：设每边 1 米正方格、每边 1.5 米方格、每边 2 米方格、1 米长 2 米宽长方格、2 米长 3 米宽长方格，共组合排列成八种规格。这回是掀掉被子，在四周围上篱笆，让小苗儿在中间避风安睡。困难逼人找出路，他们心头这个结解开了。

彼得罗夫分析沙坡头地区小气候变幅大，如降水量，1954年、1955年都是170毫米上下，1956年230毫米，1957年猛降下来。因此，应注意研究气候因子的极限和变率，最干旱、最湿润、最高温、最低温等，看哪些植物能熬过这些限度存活下来，所以要做植物凋萎度的试验，就是测量水分降到什么程度，植物会枯死。在这限度内，植物虽然不生长，但还可以维持生命，一旦有水，马上恢复生机；超过这个限度，有水也不能起死回生了。

彼得罗夫分析沙坡头的立地条件，还要进一步选择固沙植物种，看来水分、养分不够，种乔木活不了。就是栽大苗，当年能活，以后也保存不下来。因此，造林在当前没实际意义，首先要用灌木和草把沙固住。乡土植物可靠，因为长期适应当地条件，同时要从外地引种，寻找更多的适应品种，苏联中亚地区有些灌木在当地固沙表现良好，他将给他们一些试种，并在回去后很快寄来了六种。

有些树不能活，不是种选得不对，而是栽种技术有问题，如栽种季节不对，风大雨少植物便不发芽，或者栽种的部位不对，如喜沙埋的应栽在落沙坡，却栽在沙丘迎风坡上，或者栽种过分稠密，水分、养分不足，势必死一部分；有的植物干枯，好像已经死了，但久旱逢甘雨，立即复活，这就叫"假死"；有的种大苗，树叶子绿绿的，好像成活了，其实是靠苗木中原有的水分、养分维持生命，养分耗尽，渐渐枯死，这就叫"欺骗的成活"。要透过荣枯生死的现象，探寻问题的本质，研究解决的办法。

最后，彼得罗夫讲了苏联中亚沙漠铁路早期的一条教训。他们曾在线路两侧50米内设置高立式阻沙板障，铁路施工和营运初期高大板障阻挡流沙，起了作用，但日久流沙积在板后，形成两道沙堤，风一吹，就湮没路轨。实际上，是人为地造成贴近铁路的沙源。后来拆了板障，向后移到距线路200米处，问题才解决了。他注意到试验路基段两侧的折扇式高立板障已积沙不少，最好及早拆除。借南风吹掉北侧的积沙，借北风吹南侧的积沙，不要重蹈中亚铁路的覆辙。

在困难的时候，热情的鼓励和指点使沙坡头的治沙工作者深受教益，特别是彼得罗夫所说的"不是最后失败"，使他们由衷感谢，又增强了信心。

　　刚送走彼得罗夫，又迎来了朱济凡和刘慎谔，他们是得知这里工作遇到了困难，特地从沈阳赶来的。他们在仔细考察和听取汇报后，由朱济凡主持会议，大家展开了热烈讨论，分析成败的原因。首先在植物种的选择上，刘慎谔一针见血指出，干旱年正是筛选固沙植物的最好时机，能够在这样严酷条件下活下来的才是我们要找的好种，那些全军覆没的植物种，正说明它们不适应。固沙植物的选择应当以乡土植物为主，因为它们长期适应环境形成的特性是最可靠的。而引进的植物种要经过试验才能肯定。他们联想到从内蒙古引种的黄柳，从甘肃、宁夏引进的柽柳，都是生长在年降水 400—500 毫米或者地下水位高的地方，它们忍受不了此地的干旱。从吉兰泰盐池费大劲挖来的梭梭生性喜盐，沙坡头水里含盐少，因此，远方来客都患了怀乡病，一天天消瘦憔悴。也有的引进的植物能够适应，生机蓬勃，大有希望。

沙坡头站李鸣冈站长（左三，国家科学技术进步奖特等奖第一获奖人）
与苏联专家彼得罗夫等的野外合影（1957 年）

关于乔木、灌木、半灌木何者为主？1956 年曾有不同意见，后来采取一比一，三分天下。试验的结果：油松、榆树在 1961 年全军覆没。茶房庙墙外的杨树也是"欺骗的成活"，让他们空欢喜一场。从沙中含水量看，养不活耗水多的乔木，即使用坐水（栽植坑内先灌水）等办法，勉强让它成活，也会由于营养不良，不死也不长，成了未老先衰的"侏儒"，就是被老乡叫作"小老树"的，靠它固沙没指望。他们刚到沙坡头时，曾想望在连绵沙丘上也能像章古台沙地一样，一排排樟子松亭亭玉立，那景观有多美！现在看来绿色的美梦该清醒了。朱济凡集中大家意见，明确当前固沙主要靠灌木、半灌木，应当集中精力进行试验、研究，乔木种除全军覆没的以外，不妨再试种一些，但不能平分秋色，浪费太多苗木和精力。他们深切体会到，沙坡头一带森林立地条件和章古台相差太远。章古台成功的经验照搬到沙坡头也可能失败。植被和生态环境的统一，这条客观规律是不可违抗的，必须从实际出发。

大家讨论到要固沙植物多成活，生长苗壮，种要选得对，栽植技术也有很大作用，有些植物不能活，不是种选的不对，而是栽植技术有问题，这方面还得加强研究。首先要苗壮，引进的苗木挖掘时不免伤根，长途运输耽搁时间多，也影响成活和生长，应设法改进，根本办法是多在本地育壮苗。这任务就交给了蒋瑾。栽植技术在沙坡头条件下，也不能看得同一般"浇水种树"那样简单，必须严格要求苗木质量、规格、栽植时间、部位、深度等，加强人为措施，创造有利的生态条件，促进植物多成活、快生长。这事就由刘媖心和杨喜林办。

为了鼓起大家克服困难的信心，朱济凡用亲身经历激励大家。在抗日战争最困难的年月里，日军频繁残酷扫荡，解放区面积、人口极大减缩，军民生活十分困难。但在党的领导下，整顿党风，精兵简政，发展生产，终于渡过"黎明前的黑暗"，迎来了胜利曙光。他深信最困难的时期后面往往出现转机。克服困难，光明就在前头，他的一个女儿就在那年月出生的，他给她起了个有意义的名字叫"克难"。疾风知劲草，困难考验人的意志。大家必须振奋精神，接着干。科学实验不可能没有失败，关键是要找出失败的原因，提高自己的认识，一步步接近真理。刘慎谔也鼓励大家勇于克服困难，他说困难挡路，不往前走不行，它考验我们，克服困难的唯一办法就是钻研。

朱济凡临走又召集团员开会，勉励他们困难时更要振奋，要自觉带头干，风大时上沙丘不要等李鸣冈催促。最后问他们有什么要求，团支书说生活太单调枯燥。朱济凡说可以开展文体活动嘛。歌咏、吹口琴、打乒乓球，彼此竞赛，也可以开晚会，要添置什么文体用品，林土所都可以报销。

"补　课"

8月底一场好雨达 13 毫米，9 月份沙层下水分含量顿然改观，水渗透到 2 米以下，含水量达 3% 的等值线回升到沙表下 40 厘米以上。沙丘被魔棒点触了一下，"假死"休眠的植物都苏醒过来，秋天的试验地里却泛起春天的绿色，那株被他们亲昵地称作"王牌花棒"的，又吐出了疏疏的淡紫的小花，像灰烬中晶亮的火星，燃起紫罗兰色微弱的火焰。她朝着人们微笑："看，我们不是大有希望吗？"人们一变愁眉锁眼，露出了笑容。他们总结这一年的收获，一致认为 1957 年是艰难挫折的一年，也是转向成功的一年。但他们没有料到，刚刚经历了严峻的自然气候的考验，接着还得经受一次严峻政治气候的考验。他们冬天回沈阳休整，领导上宣布要进行整风运动的反右派斗争的"补课"。

"补课"中有人揭发李鸣冈有对政治不满和影射、讥讽的言论。李鸣冈脾性耿直，见到工作缺点或者不平的事，就坦率批评，对干部要求严格，批评严厉，与人争论问题时词锋犀利，不留情面，难免得罪人。他好说俏皮话，如他名字的"冈"字常被误作"岗"，他就幽默地说："我头上本没有帽子，为什么总要给戴上一顶？"当大家谈论某些政治现象或口号时，他即兴地插上段古今中外的故事或笑话，如绘声绘色讲《皇帝的新衣》等。这些在不同场合随便说的话连缀起来，就被推论成不满和影射。

朱济凡根据李的历史档案材料和平时对他的了解，认为李鸣冈有正义感和爱国心。新中国成立前，当他在江西省莲花县的中学教书时，在白色恐怖下，他掩护共产党干部秘密进入苏区。虽然他那时还不是革命者，却同情正义的人。为此，后来曾被日寇抓去坐牢，经过他任教的那个教会中学校长作保，才获得释放。历史上他帮助过党，没有仇恨。新中国成立后，在林土所工作期间，他先后主持章古台和沙坡头的科学研究，整整五个年头，坐镇风沙前沿，不畏困难，不避艰苦，专心致志搞科学研究，不搞政治活动，不是有政治野心那种人，而且新中国成立后他才得到施展才能的机会，不会反党反社会主义，没有这样的行动。

朱济凡感到怎样对待李鸣冈，必须十分慎重，关系到林土所派往沙坡头集体的情绪和积极性。1957年3月，他们与新成立的铁路固沙林场签订合同，提供当年固沙造林施工计划。1956年与铁道部签订的三年合同到1958年满期，现在时间过了三分之二，正是关键时刻。他刚刚去过沙坡头，亲身体验到任务的艰巨和工作中的困难，如果轻率撤换课题负责人，势必影响任务的完成。1958年预定包兰线通车，固沙造林影响到行车安全，必须加紧进行。如果对李鸣冈处理不当，无疑将对工作造成损失。然而，虽然是"补课"，但整风运动还没有过去，不是所有的人都能冷静思考和敢于承当责任的，这时，作为党委书记怎么引导，关系重大，搞不好很有可能被指责为右倾，在他面前放着一架天平：一头是国家利益，一头是个人风险。他反复思索、反复权衡，下定决心，保护李鸣冈，做通各方工作。党性的砝码以压倒的力量消弭了迫在眉睫的沙暴。

风息了，但空中的尘埃不能立即澄清，有时还会听到些风言风语。

朱济凡督促李鸣冈及时总结沙坡头的工作经验，争取在报纸上发表，鼓励和帮助青年修改好科学报告、论文，由他推荐在中科院刊物发表。沈阳市评选"先进集体"时，他极力推举沙坡头治沙站，并且让李鸣冈向大家介绍工作情况，李鸣冈翔实而又精辟的论述、生动的语言，给听众留下深刻印象。治沙站评上了市级先进集体。同志们对照前后，感慨万端，社会到底承认了他们的劳动，这荣誉真来之不易。他们要鼓足干劲去争取更大成绩。李鸣冈抑制不住内心激动："领导这样理解和支持，我'不用扬鞭自奋蹄'，白天黑夜拉磨，累死也心甘。"

"文化大革命"后，朱济凡第一次见到刘媖心时，关切地问道："你们的问题都弄清了吗？"刘媖心告诉他："谁也没问题，都平反了。"朱济凡高兴地说："'文化大革命'中批斗我的罪状之一就是庇护你们这些'反动权威'，你们没问题，我这'牛鬼蛇神'也就清楚了，可以心安理得。"他说他还有两桩心愿：一是出版刘慎谔的文集；再一件是建议刘媖心、王康富、赵兴梁等沙坡头元老把那段有意义的历史写出来。

第六章
大漠汽笛声

筑路大军摆出一字长蛇阵开进了沙海，马嘶鞭响、驼铃叮咚，抵御狂风的九道防线设立好了，包兰铁路沙区段也建成了，列车汽笛长鸣，破开沙浪，闯过了腾格里这荒凉的旷野。

一个惊喜

　　如果说 1957 年老天给了他们出其不意的袭击，那么老天在 1958 年却使他们得到预料不到的惊喜。雨季提前光临，从 4 月 9 日开始频频降雨，有时 10 多毫米，有时竟接近 30 毫米，干沙层湿润了，雨水渗透到沙表下 3 米以下，年终统计共 304 毫米，是 1957 年降水量的三倍多，比 1956 年多三分之一。在最干旱的年份之后，出现了此后三十年中降水最多的湿润年。

　　雨水洒在干渴的沙丘上，像给它注射了强心针，死寂的沙丘突然充满生机，嫩绿的一年生小草欣欣然探出沙面。他们栽植的固沙植物成活率远远超过 1957 年，有的成倍增长。不但乡土植物花棒和籽蒿，就连从东北采种本地育苗的差巴嘎蒿的成活率都超过 70%。

　　去年枯黄憔悴的黄柳和梭梭成活率也达到 30%—40%，花棒、黄柳在 1957 年受压抑的生命力一下子放开了，猛地弹出五六十厘米长的新枝，一丛丛花棒花团锦簇，柠条枝条上洒满碎金。沙拐枣七拐八折的枝条上，悬挂着有趣的变色球果，变魔术似的，由淡黄变成鲜绿，最后变成红艳艳的小珊瑚球。秋天来临，种子先后成熟，桃形的、椭圆的；张着薄翅的、生着绒毛的，纷纷从枝头迸散出来，随风飞舞，飘到远处，或者就近在沙面上打滚，急急找个冬眠之地，梦着另一个湿润的春天。

　　治沙人的心情也格外舒畅，清早做操、散步，高高举起双臂，深深吸进大漠特有的清新又饱含希望的空气，上下沙丘的脚步变得轻捷了，脚底似乎能感觉到沙下生命的胎动。饭场上互相通报植物成活率和生长率，洋溢着欢声笑语。使他们激奋的，与其说是大自然的赐予，毋宁说是实践证明了他们在艰难的 1957 年的工作上有了收获，认识上有了提高。

三年的经历使他们认识到，选择固沙植物，至少要看几年，"日久见人心"，要认识植物的本性，时间太短不行，有的植物栽种当年成活率不低，也长得不错，但是第二年以后就渐渐衰败，甚至死亡了。昙花一现，固不了沙。有的干旱后不长，湿润年又发旺，这还有希望。有的不论干年、湿年都不长，日渐衰落。1956 年他们种了五种乔木（油松、榆树、洋槐、小叶杨和沙枣），头三年全军覆没，平均百株活不到一株。他们不甘心，1957 年又种一批榆树和洋槐，当年成活不到 3%，1958 年又死绝了。茶房庙墙外的钻天杨 1957 年刚两岁就枯死，为进一步探索，又栽了几千株，当年成活 38%，很不错，但到 1958 年保存率大幅度降到 18%，仅仅两年，每 100 株只活下来 6 株。小叶杨 1956 年试种成活率高达 77%，真叫人高兴，但两年后，每 100 株只剩 2 株；1957 年栽的那批，到 1958 年，每 200 株只剩下 5 株。三年前种的沙枣几乎死光了，1958 年栽的成活 44%，以后怎样，还难预卜。这些乔木当年成活还不错，干旱年保存率下降不难理解，怪的是湿润年保存率不但没有回升，而且继续下降，说明这类型乔木适应不了沙坡头这么严酷的生态环境。三年实践回答了他们 1956 年关于乔、灌、草哪个为主的争论。

灌木和半灌木他们三年引种了十来种，能固氮可作饲料的紫穗槐，1956 年成活率高达 70%，但到 1958 年，每 100 株只剩 4 株。吉兰泰盐池的梭梭喜盐，引种三年，每百株只剩两株，1957 年种的到 1958 年全死。甘肃的柽柳在原地时，细细的红枝绿叶，一蓬蓬长得旺盛，在甘肃的地方形成天然植被，但引来三年，每 100 株只活 4 株。从东北引进的白茨和山竹子基本上不成活。从苏联中亚引来的白梭梭只开花不结籽，只有沙拐枣表现不错。

半灌木差巴嘎蒿在章古台是固沙的主角，1957 年引来沙坡头，1958 年全死。但在湿润的 1958 年新栽的成活率却很高，同样是乡土植物的油蒿的成活率和生长量都不及籽蒿，但成活率和保存率变化不大，说

明其耐旱性好，干年、湿年都能够适应，比较稳定。同样是沙生系列的
植物，却有湿生、旱生和中生的差别，引进时必须研究原地立地条件
和沙坡头的异同，决不可简单照搬。

造林方案

1957 年，铁道部动工修筑包兰线沙区这段铁路，并成立铁路固沙
林场，由林土所初步提出造林设计，林场负责实施。1958 年春，林业
部派调查设计学习第四中队，由苏联专家阿弗宁任指导，来到沙坡头，
进行调查设计。防沙研究站向他们提供了这三年半观测、试验的资料，
并且派两人参加工作。他们一起沿选定的铁路线，从迎水桥到一碗泉
考察了约 30 公里。

沙丘类型、沙土成分、地下水位和水质、天然植被等情况，整整四
个月，他们做了大量工作。但影响生物固沙的因素很复杂，如风沙活
动规律、固沙植物种的选择和栽植技术等，只有三两年，不可能都搞
清楚，要设计生物固沙保护铁路的整个体系，困难不少。但铁路进展
很快，可望“八一”通车，固沙造林的工作不能迟延，只好根据现有的
调查和实验数据，参照苏联中亚沙区建筑铁路的标准（通常采用的防
护带宽度为 3—5 公里），以“确保安全、留有余地”为原则，提出初
步的设计方案。防护带总长 30 公里，南北两侧宽 5500 米，北边是主
风带，西北风、东北风凌厉，占全年起沙风频率一半以上，按流沙年进
约 25 米，铁路要保百年有效计算，为 2500 米，加大一倍，以策安全。
因此，设计带宽 5000 米。铁路南为次风带，且地势低于路基，对铁路
威胁较小，只设计 500 米防护带。铁路北侧的具体部署又划分为五个

带：最外缘 2500 米宽防线为封沙育草带，不扎沙障，不种草木，只封沙育草，听其自然恢复植被；往南 1000 米宽为第二道防线，只在 5%—10% 面积上扎些团块沙障，像下围棋星星点点布几个子，留待以后再连接，形成边角优势，团块周遭栽植固沙植物，等它长大，开花结籽，种子撒落四周，自行繁衍；再往南 1200 米宽为第三道防线，扎设 2 米×3 米的长方形麦草沙障，在沙丘迎风坡上面和沙丘顶、背风坡大约 40% 的面积都不扎设沙障，因为这些部位风蚀沙埋严重，不利植物生长，所以采用群众创造的前挡后拉经验，利用风力削平丘顶后，再栽树；再往南 200 米为第四道防线，设扎 2 米×2 米的方格麦草沙障，和第三道防线一样空留 40% 面积，易遭风蚀的部位不扎沙障；最后，贴近铁路线 100 米为第五道防线，也是最后一道防线，扎设 1 米×1 米的正方形麦草沙障，沙障里一律栽植固沙植物，这是防御风沙入侵的最后一关，必须严加防护。这五道防线构成由弱（弱营区）转强（强营区）的北侧防御体系，设计思想是当风挟沙粒从北面袭来，一路被阻挡，能量逐渐消耗净尽，逼近铁路线时已是"强弩之末，势不能穿鲁缟"了，只要在核心部位严密把守，既可以保铁路安全，又减少一部分工程造价。

南侧防护带分四道防线。靠近铁路 50 米的范围为第一道防线，全部扎设 1 米×1 米的麦草方格沙障，栽种固沙植物；往南 150 米范围为第二道防线，扎 1 米×2 米的沙障，空留 40% 面积，不扎沙障，不种植物；再往南 200 米为封沙育草带构成第三道防护带；最后 1000 米为第四道防护带，临黄河，扎 2 米×3 米的大长方格，种草、种树。南风比北风弱，有这四道防线，就抵挡得了了。铁路南北侧排开九道防线，构成了整个防护体系。

在防护带内，他们又根据沙丘类型和部位、地下水位、沙土理化性质、盐化度、植被及覆盖度等各种因素，将防护林区分为十四种配置，详细规定了配置什么植物，采用什么方式种植。如：地下水位较浅，沙土理化性能好的种单一乔木林——梭梭纯林；背风坡落沙的地方种喜沙埋的黄柳；水分少、沙丘中间种两行沙蒿（乡土植物籽蒿和引进的差巴嘎蒿各一行），一行花棒，依次排列，像虎皮纹，一道黄、一道黑。乔、灌、草三种交互混种，两行蒿，一行梭梭，夹一行柠条，然后又是两行蒿，一行梭梭。这个设计方案选用十几种沙区生长的乔木、灌木、半灌木，组合成十四种配置，他们考虑两三年内乔木、灌木还不能长大，起固沙作用，因此提出大量撒播一年生如沙米等的种子，以固定沙丘表面。

　　这一固沙造林设计方案得到铁道部批准，由中卫铁道防沙林场负责实施。由于工程浩大，施工复杂，非短期所能完成，因此专家阿弗宁说先由核心部位做起，逐步向外扩展。

鸟瞰穿越腾格里沙漠南缘 50 公里的包兰铁路人工风沙防护体系（2008 年）

向治沙人致敬的汽笛声

　　1957 年，中国第一条穿越沙漠的铁路的沙区段开始动工，原铁道部第一工程局承当了这艰巨而光荣的任务，筑路大军开进了腾格里东南缘，沿着路线摆开几十公里长蛇阵，按照工作量划分，一两百人一队，分段作业，争取一气呵成。沉寂的沙荒一下子变成了沸腾的工地。在沙丘背风的地方，像雨后蘑菇样冒出数不清的帐篷和临时工棚，施工点搭起了凉棚，既作饭场，也是休息站。工地上建起两个制作沙障的工厂。马达轰响，电锯嘶鸣，一方方红松木被解成板条，钉成框架，框里镶上芨芨草和麦草编织的席片，做成1米高、2米长的阻沙板障，像折扇样呈"之"字形，立在铁路两侧50米处，构成了绵延不断的屏风，保护线路施工。从不见车辙人迹，甚至骆驼蹄窝也随时被风扫掉的地方，出现了纵横交错的简易公路和便道。公路便道通不过的地方，杂沓的骆驼蹄窝连成了弯弯曲曲的驼路，再往前接上布满作业面的推斗车的轨道和能拆装的跳板。在坎坷的路面上，载重汽车、胶轮大车拼力快跑，几百匹骆驼走马灯样在沙丘间巡回。汽车喇叭声、马嘶鞭响、驼铃叮咚、人声喧闹，汇成一曲沙漠工地交响乐，各种建筑材料大批小批源源不断地运到施工地点来。

施工点红旗高悬，猎猎作响。一组组铁路工人和民工挖高处沙土，填到低洼处。铲平沙丘，修出一条坚实的路基来。重型机械开不进起伏的沙丘地带，松散的沙层也不适合用炸药爆破。他们只好现代工具和传统工具并用，用特制的木刮板把沙丘层层往下剥掉，然后拿大铲把沙装进背篓、拾筐运走，倒进手推车和翻斗车，再推去填平低处，垫一尺沙，夯一遍。较平坦的地方用联动机和打夯机夯实，陡坡就用木制拍板拍紧。刮呀！拍呀！扬起满天尘埃，恰似沙场上硝烟滚滚，一切都笼在五里雾中，只有沙尘降落时，才隐隐现出人形，往往他们挖一天，夜间风一刮，挖上万方沙费的劳动都化成虚功。后来，工休时就要用大幅草席把坑盖起来。路基两肩和边坡最易被风蚀，一律用河滩卵石镶砌，先整平沙地，打上木框，倒进卵石，铺寸厚，在卵石缝隙灌满粗沙，用小锤狠劲敲打，让卵石沙砾挤得紧紧的，动弹不了，等于浇铸了层混凝土壳，风掏不动了。他们同样用这办法在铁路两侧砌了30米宽的卵石平台，作为防止风沙侵袭的缓冲带，并起疏导作用。工人全日在风沙中摸爬滚打，手、脚皮都磨破了，和风沙作战，战士们也得装备上风镜、长筒布袜和粗布手套。

从 1957 年到 1958 年上半年，他们都在紧张施工，冬季在-20℃的严寒下工作，手脚冻得生痛；夏季更难熬，沙面温度达到 70℃以上，踏上去烫脚，热浪滚滚，就连骆驼也受不了。6—9 月是骆驼脱毛的时节，原来是要放牧到旷野里去的。在这样的条件下，人们却坚持天不明出工，中午钻进蒸笼样的工棚小憩，太阳偏西再战，直到星月满天才收工，不知穿破了多少双布袜，磨破了多少副手套，吸入了多少粉尘。终于一板板、一锤锤敲打出了几十公里路基。人们惊喜地看铺轨机叼起一段段一吨重的钢轨，又稳又准地摆在枕木上。7 月 1 日，中国共产党的生日，他们献出了新中国第一段沙区铁路作为贺礼。谁也估计不出苦难深重的西北人民，建设祖国、建设家乡的热情一旦迸发出来，他们会创造怎样的奇迹！在最困难的地方，用原始的工具，却创造出了现代化的效率。

筑路成功极大鼓舞了人们的信心，接着第二次战斗打响了，原来沸腾的工地转眼变成了"打麦场"，从中卫源源运来黄灿灿的麦草，在卵石平台上堆成大大小小麦垛，好似无数麦积山从甘肃天水一夜之间飞落沙坡头。固沙林场的工人和中卫县的民工，按照林业部固沙造林设计方案的要求，把麦草铺成方格，用锹拦腰踩压进沙表，两端露出沙面大约 15 厘米，格子里栽上固沙植物。他们在万匹巨幅的黄麻布上织出栽绒的方格图案。古老的神话里，天曾崩塌了一角，天神女娲炼石补天，使天穹恢复旧观。中国西北遍地疮痍，她的好儿女也学会了植草补地，在大地创面上精心植皮，让它再生出光洁的新肌。林场工人和中卫民工铺着、踩着，看栽绒方格在自己脚下不断地向前延伸，豪迈地说："只要能锁住黄龙，保住铁路，叫我们铺金子也干！"

"八一"建军节，包兰铁路正式通车了，第一列火车驶进腾格里，像舰队在沙海里破浪前进，一团团白雾在半空中舒卷，汽笛长鸣，在旷野里回荡，一声声地向在这里洒尽汗水、绞空心血的人们致敬，感谢他们的工作，慰问他们的辛劳。治沙的人们在沙丘上忙碌工作，目送列车远去，白烟淡没了，笛声却久久在他们心里回响，快慰、欢欣也夹杂着隐隐的担忧，火车过去了，一路运行正常吗？没发生风沙漫道停车事故吧？祝旅客旅途平安！路通了，剩下最突出的问题是固沙造林了。这是他们还没有完成的任务。沙障远远没有扎完，更说不上时间的考验了，这事不落实，老是提心吊胆，睡觉也不安稳呵！

沙漠铁路现场会议

这段沙漠铁路的修建成功，极大鼓舞了五年来参加这一工作的人们，他们终于完成了前人没做成的事，没有辜负祖国和人民的热望和期待。虽然包兰线穿过沙漠的线路只 40 多公里，最困难的一段——由迎水桥到孟家湾只 16 公里，在包兰线总长中只占 1%，在全国铁路总长中当然更微不足道，但它的意义却远远超过它们所占的比例。中国北部从西往东绵长风沙线上，戈壁、沙漠、沙地紧相连，可以预卜将来要修建许多铁路线穿过沙漠，首战告捷，以后可以少走弯路。他们回忆五年前铁道技术人员讨论兰州、银川间的三三段选线时（从三道坎到三圣庙），碰到了需要穿越乌兰布和沙漠的问题，但是谁也不敢去惹那头"红色公牛"，反复讨论，最后还是避开它，绕到黄河东岸，最后折回河西，建了两座跨黄河的大铁桥，不但造价高，而且正处黄河转弯的地方，开春冰凌常常壅塞不通，必须用飞机投炸药爆破，炸冰势必会震动桥基，影响桥的寿命，多花钱还埋伏下隐患。现在安全穿越了比那里困难得多的沙区，"天降神山"过得去，还怕什么"红色公牛"？伟大的目的才能产生伟大的力量，艰巨的任务才能锻炼出才智和魄力，敢闯要与审慎结合，有了这次经验，以后就不会"望沙兴叹"了。这次成功仅仅是铁路穿越沙漠雄伟组歌的序曲。

沙漠地区修筑铁路、固沙造林，对于沙区修公路，对于整治国土，防治农田沙害都有参考价值。而且生产的需要，促进了对沙漠科学的研究。在中国以至在全世界，沙漠都占有很大面积，沙漠科学将是大有前途的边缘科学。他们这次只是迈进门槛，以后想要升堂入室，学问还大哩。

他们深感有必要把这五年（从到茶房庙算起），特别是近三年经历的曲折道路和取得的初步经验很好地加以总结。他们分头整理资料，展开讨论，各有侧重地写出报告，再共同研究，根据一致的认识，提出了总报告《包兰铁路沙漠地区修筑路基和固沙造林的研究报告》。1959年，包兰铁路通车的一周年，铁道部在中卫县召开了沙漠铁路现场会议，广邀铁路系统内外有关专家、学者参加，济济一堂，研讨这个既是生产也是学术的新问题，在中卫县算得上学术性的空前盛会了。

翁元庆在会上做了报告，详细论述沙区的自然条件、沙丘类型和沙丘移动的情况及路基的设计与施工、固沙造林的设计与施工等。赵性存做了沙漠铁路选线、设计的经验总结。李鸣冈做了固沙造林的研究报告，内容包括植物固沙、树种选择、栽植技术、引种育苗、固沙造林规划等。

这些报告分析比较各种沙障的优缺点，河卵石平台、高立式板障、半隐蔽式方格草障内种草造林的防护作用，充分肯定了就地防护的"优越性"。总报告中写道："1958 年秋季，中卫固沙林场在铁路线两侧 300—700 米内大量铺设格状沙障，同时进行造林，因而保证流沙不再侵入路基，完全证明了就地防护的优越性。只因最初我们对于这个地区进行固沙造林的效果还没有完全肯定，后来，大部按原设计的大平台措施进行施工……今天看来，这是很大的缺憾。""总之，平台虽有一定的防沙作用，但建筑费用很大，效果也不大显著，不是理想的一种防沙措施。根本解决流沙的办法是用沙障固定流沙不再移动……这是我们这次总结中的一个经验教训。""目前铁路两侧设置的立式防沙栅栏效果不好，且不经济，估计每个栅栏成本费需 9.36 元，每 10 个需用木材 0.71 立方米，使用寿命仅 3—5 年，并须经常加以维护和修理，给养路工人增加繁重的任务，最好的防护措施是采用简单而经济的沙障和生物措施相结合的办法，即先设置半隐蔽式沙障，然后造林和种草，在树木和草类尚未遮盖地面以前，由沙障起固沙的作用，三五年后则树木和草类生长已经郁闭，不仅可以固定流沙和确保铁路行车的安全，且可使沙漠变成绿洲，彻底改变沙漠的面貌。"

包头-兰州铁路建成通车时实施的初步防护措施（1958 年）

五年前他们怀疑生物固沙的可能性，经过大量工作和曲折道路，现在他们对生物固沙寄予满腔热望，期待三五年后沙坡头也能出现郁郁葱葱的林带和绿洲。但是，冷静考虑一下，还有一系列问题亟待解决，造林固沙的设计正在实施，远没有完成，总效果如何还不得而知。对沙丘整体移动的规律还要进一步探索，这牵涉到防护带设计宽度问题。沙坡头小气候历年变幅大，哪些植物能保存下来，能否达到足以固沙的盖度，植物成长后，沙下的稳定含水率会不会起变化？如果水分减少，必须浇灌，又必须搞一套提水输水设施，这是从开头就一直有争议的大问题。研究工作必须继续进行，否则就谈不上确保铁路长期行车安全。与会的专家热烈讨论和认真思考这些问题。

在这次沙漠铁路现场会议上，彼得罗夫应邀讲话，他热情祝贺包兰铁路这段沙区筑路的成功和固沙造林科研取得的成绩。他强调铁路防沙的措施必须十分可靠，因为铁路的经济价值极大，必须经常维护，使其正常进行，倘若路轨积沙，就会造成巨大损失。

他又一次讲了苏联在沙区筑路的历史经验教训。初期在铁路两侧15米到20米处立栅栏阻沙，日久积沙成堤，侵袭路基，造成巨大损失。后来往后移到250米处，才不危害路基了。苏联总结教训，组织林学家参与沙区修筑铁路的科研工作，采用方格沙障植物固沙的办法取得成功。植物能不断自我更新，是固沙的好办法，只有不能生长植物的地方，如含盐碱太多的地方，才单靠人工沙障固沙。苏联的教训希望中国不要重复，苏联的经验也只供参考，不可照搬。因为两国沙情和气候不同，沙丘的类型和植被各异。借鉴外域经验，必须结合实际。

彼得罗夫还说，回忆五年前勘线时，对穿越沙漠筑路能否成功，也曾有过信心不足，现在大家都不怀疑了。这与中国专家的研究工作分不开，中国专家的研究方法是正确的，许多问题意见一致。但是，不能停留在现有成绩上面，应继续研究沙坡头的自然特征，沙地水分变化，沙生植物生长特点和演替，小气候变化，年降雨量、风向、风速变化规律，沙丘顶、迎风坡上面和背风坡一些部位风蚀沙埋严重，植物不易生长，要加强研究，找到适宜植物，消灭这些空白部位。当前要争取尽快固定流动沙丘，不拘什么植物，能固沙就采用，今后应注意试验栽植经济价值较高的植物种，如小叶杨、沙枣等。

会议上关于对沙丘移动规律的研究、测量方法有些不同的意见。对此，彼得罗夫说，方法可以多种多样，为固沙造林，照1957年他建议的做，够用了，如果要深入研究，也可以采取铁路测量同志擅长的等高线法、航空测量法等，一年航测一二次，不但可以研究沙丘的移动和堆积，也可知道造林后植被的变化，航测多年，积累的资料就十分宝贵了。

"包兰线沙坡头地段铁路治沙防护体系的建立"获国家科技进步奖特等奖奖牌
（1989 年）

　　会后，与会的人到现场考察，在一望无际的沙丘上，造林大军——林场工人和中卫民工挥动锹、镐，飞梭走线，一个网眼一个网眼地编织那张铺天盖地的大网，千百人在茫茫沙海上拉网，这种规模是这样的壮观，实验室里手持试管和温室盆栽是很难与此相比的，也是很难想象的。生产为科学研究搭起大舞台，任科学工作者导演出雄伟神奇的话剧，科学研究为生产开路，使天堑变为通途。科学为生产服务，生产促科学发展。科学与生产结合就可以产生伟大的成果。大家体会到这是没有写入技术报告，却是贯串在其中的一条重要经验。大家深深体会到：沙区筑铁路仅靠某一方面的专家还不够，必须地质、气象、植物、林业、土建、铁路各方面的专家团结合作。要做到这一点，就必须有党、政强有力的领导，统筹全局，集思广益，做出正确的决策，动员、组织各方力量，调整好各方面关系，发挥各方面人员积极性，克服各种困难，实现伟大的目标。从修筑包兰铁路的经历中，他们深深体会到党、政领导对社会主义建设的远见和胆略。

包兰路通车了，铁道部第一设计院和铁道科学院的任务完成了。铁路防沙研究站也相应撤销了，他们在自己建造的沙坡头站和几年来共甘苦、同创业的战友依依惜别，各奔东西了。唯有林土所的同志留下来——下一步的科研任务压在他们肩上了。

第七章
渡过双重难关

　　沙坡头站被保留下来了，却面临着后继无力和经费不足的困境……又一批年轻的治沙人前来报道了，"沙漠之家"又热闹起来了。他们艰苦奋斗，想出办法克服了困难。

"沙漠之家"的第二代居民

1958 年，毛泽东同志向全国发出号召："向地球开战"。中国科学院副院长竺可桢联系科学研究，提出："向海洋进军""向天空进军""向地下进军"和"向沙漠进军"，开展有关海洋、气象、地震、火山喷发、风沙活动规律的研究，抗御自然灾害，向大自然索取，使其为人民造福。他认为沙漠在我国以至全球都占很大面积，千百年来沙漠吞噬城市，淹没农田、草原，为害最烈，是我国人民的大敌，也是人类的大敌。同风沙做斗争，人类虽然积累了一定经验，但没有改变沙进人退的形势，很有必要加强研究，积极整治，消除沙害，开发沙区资源。

1958 年 10 月，在内蒙古自治区呼和浩特市召开了新疆、内蒙古、陕西、甘肃、宁夏、青海六省（区）的治沙会议，确定了治理的方针和规划，加强统一指导。在这以前，沙区群众在土改后为保护自己分得的宝地，纷纷自发地起来治沙，地方政府各自为战，各自管一方。这次会议提出治沙的群众运动要和科学技术相结合，有步骤地展开。

会议委托中国科学院集中全国有关科技力量，组成强大的综合队伍，分头到全国十二块沙区进行考察。我国沙漠面积大，但考察得很少，国内外地理学科书籍有关沙漠章节看不到中国科学家的名字。新中国成立前，外国科学家做过些粗略考察，还有冒险家潜入沙区盗宝。新中国成立后，曾与苏联合作考察，拍摄了航空照片，不过鸟瞰而已。得承认我们对本国沙漠知之甚少。须先做一番科学考察，才可能提出改造、利用的措施。科学界、教育界和地学、生物、气象各科的专家学者都积极参加，满怀豪情，要探索沙漠的奥秘。科学院组织了一支将近九百人的队伍，浩浩荡荡开进沙漠。沙坡头的工作恰好告一段落，刘媖心、陈隆亨等同志相继被调去参加考察队了。就连坐镇沙坡头的李鸣冈也不放弃这难得机会，去开阔视野。

同志们纷纷外出考察了，只剩下陈文瑞和廖次远守摊。廖次远是1958年从林土所调来的南京林学院毕业生，大家都按他上海人的习惯叫他阿廖。阿廖身体健壮，性情开朗，而且心灵手巧，试验地的活儿到他手里似乎都变得轻松了。阿廖和大老陈搭档，带领十几名临时工，把所有重要的试验都包揽了下来，维持科研不中断。但是，总的研究计划没确定，经费没着落，陕西、内蒙古等地的治沙站都交给地方了，沙坡头站还挂在科学院治沙队名下，归属问题也没最后定下，真是困难重重，风雨飘摇。李鸣冈放心不下，从外地赶回来，登高一望，麦草沙障远远没按原计划扎完，有的地方已经被风吹毁了。灰黄麦草贴地翻卷，求助似的落在他脚边，汽笛一声紧一声，似乎在催他快快把研究工作抓下去。想起铁路行车安全问题，他不禁忧心如焚。一次，他向院领导汇报工作，讲得头头是道，领导同志称赞道："精彩，精彩。"李鸣冈乘机反映："现在沙坡头站是演的'二人抬'，可不要唱'霸王别姬'，半途而废呵。"

中科院的领导认为考察队重要，长期定位站更不可无，沙坡头站基础不错，应当保留和加强。陈道明、李鸣冈奔走呼吁，多方敦促。1960年，科学院决定沙坡头站不撤，第二年又挤出两万元基建费给沙坡头站的同志盖房。建筑材料是装在木船里，溯美利渠而上，用纤绳拖到麻黄滩的。在童家园子附近盖了几间砖房，他们终于结束了七年的寄居生活，有了自己的"沙漠之家"了。

沙坡头要重整旗鼓，关键是人才补充，原来的骨干刘媖心等同志调出去，担任了领导工作，很难指望他们回来了。李鸣冈清醒地认识到必须争取到年轻精干的人才，治沙可是长期任务呵！

沙坡头站的第一个党员刘恕，到治沙队报到了。她高中毕业后被选派留学苏联，学习林业。家庭和学校都教育她热爱祖国，祖国的需要就是个人志愿，越困难越要上。她选择了沙漠专业，这是祖国需要，一般人都不敢问津，何况是妇女。但是她偏不信男同学学得会的，女同学就学不了？在中亚沙漠实习时，从马背上摔下来，她没退缩，换匹驴子再上，终于学成归国。分配工作时，她本可以留在北京的研究所，可北京城里哪有大沙漠？她和爱人田裕钊都自愿到沙区去，田裕钏选中了中国最大的沙漠——塔克拉玛干的考察队，女同志去那里诸多不便，刘恕就奔向沙坡头了。一下火车，环顾四周，无穷无尽高大密集的沙丘。她在中亚实习过，低矮的沙丘和这里相比，不啻小巫见大巫了。她高兴得孩子般地跳了起来，沙漠专业选对了，中国治沙大有可为，大有前途呵！

沙窝里居然分配来一位缅甸归侨石庆辉。他1952年只身离家，回到祖国上高中，由于勤奋，考取了南京大学地植物专业，重点攻南方植物种。1960年毕业，分配到科学院治沙队。由南亚到漠北，从学业到生活都是巨大的跳跃。

陆续调来了十来位同志，小小沙坡头站又焕发了青春，最后从章古台调来王康富任秘书，协助李鸣冈。王康富从1953年大学毕业分配到林土所，就在章古台治沙造林组工作，组内别的骨干都被调到沙坡头时，他却被留下支撑刚打开的局面，做出了成绩。他被调到沙坡头时正值国家经济暂时困难时期，又处在沙坡头这困难地方，没有宿舍，口粮不足。县上照顾研究站人员上下爬坡耗热多，按重体力工人对待，每人每天八两高粱面，但这还不够阿廖一顿吃。吃饭难，运粮更难，汽车不能通到沙坡头，吃的粮得靠工作人员自己去背。踏着深沙背粮不是好滋味，王康富发现了一条捷径，使粮道缩短到一公里，这项发现节省了不少劳力。有一段时间没细粮，大家吃高粱面缺油引起便秘，喝大锅萝卜汤又刮肠子，越喝越饿。他们学老乡度荒的办法，到处寻找沙葱，蒸了一笼沙葱包子，高高兴兴咬一口却苦涩得咽不下。日复一日，处于半饥饿状态，有人浮肿了，王康富只好千方百计弄点"康复粉"。在这样的状态下还要坚持工作，大家硬撑着爬上山，就要躺在沙上缓缓气，节省点能量，忍受胃一阵一阵抽搐。大饭量的壮小伙真难熬，阿廖只好买点枣子垫一垫。一次忽然听熟人报信，有八匹骆驼闯进路轨，被火车碰死了，村里人都去分骆驼肉，他忙跑去，割下一条腿。有的同志吃了闹肚子。过几天骆驼主寻来讨钱了，他们如数付了，笑着自嘲："还以为是白捡的浮财哩！"为此，阿廖做了多次检讨。但这能怪他吗？另一次，黄河真的白送佳肴来犒劳他们了。他们正学习时，忽听村里大人、小孩闹闹嚷嚷："淌鱼了，赶快去捞呀！"他们忙不迭抄起脸盆，跟大伙跑到黄河岸边。呀！真是罕见的奇观，由于山洪暴发，黄河水泥沙含量激增到 60% 以上，鱼被浑泥汤呛昏了，缺氧窒息，都翻着白肚皮，挤挤挨挨头尾相衔，漂流而下，形成了奇特的鱼的泥石流。阿廖顾不得脱衣，立即跃入水中，捞了鱼，便往岸上扔，这天赐鱼宴，三十年后他们回忆起来，还津津有味。

沙漠生活

艰苦奋斗并不意味着只是苦熬，更重要的是善于克服困难。大老陈晚间下钓钩，别人学他样，早晨提起来，总是落空，而他却不知有什么窍门，常有收获。后来他索性在沙上挖了个坑，引进艾溪水，做成养鱼塘，钓到鱼养在里面，来了同行好友，捞几条小鱼款待。有次，居然捉到一只鳖，他说鳖血对妇女最滋补，特地杀了取血给两位女同志喝，再鳖肉炖大南瓜，大家美餐了一顿。

开柴油机的麻师傅也有办法：抽黄河水浇地，种一小片土豆，分给同志们。那年月，土豆真珍贵呵，他妻子产后，也没多分一颗给自己家。他还和杨喜林设法喂了三头猪，春节杀了，舍不得吃，肉送到西北科学分院①，三个猪头冻起来，等站上冬休同志回来共享，麻师傅、杨喜林两家人没动一指头。

1958 年实现公社化后，童家园子住户都搬到麻黄滩集中居住，村人摘完果子，把高枝上剩果贱价卖给治沙站，他们有的人上树摘，有的在下面拿脸盆接，园里一片欢笑声。在骆驼蹄窝般小天地里，他们自得其乐，尽管肚子吃不饱，人们晚间还会和着黄河波涛的节拍，引

---

① 编者注：中国科学院西北分院，于 1962 年以中国科学院兰州分院和中国科学院陕西分院为基础成立，于 1970 年撤销。成立后，分院搬至西安，但兰州仍有许多院属研究单位，并设有管理处。

吭高歌。他们最爱唱"洪湖水，浪打浪"。歌声把他们带入幻境，眼前洪湖烟波浩渺，莲叶接天，革命前辈的小舟出没波涛，隐蔽在荷花莲叶丛中打击敌人。他们今天也遨游沙海，撒开一张铺天盖地的大网，去捕捉那狂暴的风魔怪。两代人一样豪情！

对于他们，生活的意义是为人民服务，欢乐的源泉是揭开大自然的奥秘，使之造福于人。物质生活再苦，他们也能苦中作乐。风趣幽默的李鸣冈，一次又一次给大家讲一些意味深长的故事。他讲了孔夫子弟子颜回的人生哲学："一箪食，一瓢饮，在陋巷，人不堪其忧，回不改其乐。"李鸣冈的乐观主义精神，深深感染着大家，给大家增添了渡过暂时困难的勇气。

第八章
关于人工植被理论的探讨

长者在沙坡头和年轻的治沙人讨论起植被的交叉演替和重叠演替，指导沙坡头站的任务……年长者看着年轻人们，迫不及待地渴望他们成长成才，把自己这数十年的心得传诸其人。

新课题：人工植被

1958 年大规模建造沙障和栽植固沙植物后，四年来，铁路两侧、试验地里出现了一系列新情况和新问题。他们正在探索，恰好刘慎谔捎话来，提出他要单立个课题：建立人工植被。请李鸣冈指定专人负责，刘老要亲自来指导。"人工植被"是个新提法，从章古台起他们的课题就叫"固沙造林"，负责的小组也叫防护林组，在沙坡头的课题也叫"固沙造林，防护铁路"。为什么不沿用"固沙造林"，却提出建立"人工植被"，这与"造林"有什么区别？有什么新内容、新想法？一时弄不清楚，只有等他来时再问了。

1962 年 6 月，沙坡头站的同志们高高兴兴迎来了刘老，大家要求他讲讲全站学习和工作中的问题，他欣然应允，并说："大家一起学，探讨一下植被演替的理论与实践问题。"还是他的老规矩，先考察人工植被。第二天他便同李鸣冈等同志去考察黄河南岸那块半固定沙丘了。刘老刚到沙坡头时，就讲过这块沙丘是天然样板，人工固沙造林能达到这程度，就可以保证行车安全了。他一向认为建立人工植被不是凭空想出来的，必须以大自然为师，大量地、反复地考察天然植被，从中找出客观规律，再灵活加以运用，来建立人工植被。因此，他对这块天然样板每来必看，像念一篇百读不厌的好文章，念一遍有一遍的新体会，何况大自然在不断修订它的杰作，加进新的内容，必须研究它的变化。

6 月，植物生长正旺盛，他们仔细观察，有时挖出根来看。刘老不时停下来，招呼同志们来认一认植物，大家边看，他边讲。刘老强调大家要学一学"发生学"。"发生学"认为植被都有起点、发展和相对稳定的顶极。从发生学的观点看这块植被，通过分析现状应当看到它的过去和未来。从裸地开始，最早出现的植物——最先锋的植物是一年生草沙米。后来气候和土壤发生变化，如流沙入侵，随之而来的是流沙上的先锋植物——蒿子（半灌木）。此地蒿有两种——籽蒿和油蒿，沙粒流动减缓后，喜沙埋的先锋植物渐次衰退了，继之而起的是后期植物——柠条、沙冬青和霸王等灌木，衰退的还未消亡，新生的方兴未艾，一块植被上同时存在先锋和后期两种植物。这种演替方式就叫交叉演替。还有另一种演替方式是后一种植被摞在前一种植被上，叫作重叠演替。如果原来这块植被属湿生系列，后来流沙入侵，覆盖其上，地表变干燥，沙生系列的植物随之侵入，湿生系列只留下残余，沙生系列接班，这种演替方式就叫"转化"，由湿生系列转化为沙生系列了。他举例说："灵武白家滩有块固定沙地，沙子侵入，蒿子随沙进来，我们发现蒿子中有孤零零一株柳树，你说奇怪不？从地植物学看一个群落，是植物种平面分布在一起，但从发生学看，柳树是原来的老植被，属湿生系列，蒿子是新生的，属于沙生系列，两种系列并存，矛盾统一湿生系列转化成沙生系列，这就叫'转化'。如果先后植被同属沙生系列，先锋和后期植物并存，叫作交叉演替。我们研究植被演替关系，就是要研究交叉点，什么是现存的，但却是衰退的？什么是新生的，但却是发展的？弄清这，才能预见未来，从发展的趋势来部署我们的工作。"

刘老谈着谈着停下来，指给大家看，柠条的年龄老，蒿子年轻，说明柠条生长在先，已经衰老了，而蒿子却是后生的，先灌木，后草本，天然的次序不是颠倒了吗？这是怎么回事呢？他的问题引起大家的深思和兴趣。刘老接着向大家提出个问题："这块沙丘上有先锋植物蒿子，也有后期植物柠条，你们看，是交叉演替呢？还是重叠演替？"

他们又去一碗泉考察。初到沙坡头时，他曾去那里考察，途中在茶房庙附近看到过生长着茂密的黑蒿和柠条的"黑坑"。这次他们仔细观察，发现蒿子、柠条中还夹杂着零星的喜钙的灌木——猫头刺。圆圆一堆毛刺，还真有点像猫头。刘老分析道："这块平地原来已经固定成为光板地，流沙停止，蒿子也绝迹了，柠条丛生，还有插挡的猫头刺。但是后来由于人为的破坏，流沙再起，侵入已经固定的地块，流沙上的先锋植物棉蓬和黑蒿随之侵入，摞在老植被上面，这是重叠演替的一个例子，从中可以看到这块地由流沙到固定，遭到破坏后，流沙复活，以后有可能再固定的全过程，这就是植被演替的反复性。当然，新生的黑蒿不是原有的消灭了的黑蒿，事物发展是螺旋上升的。我们看到流沙复活，就要特别注意保护原有的天然植被，过度放牧或者筑路施工中不慎，就可能导致这种恶果。"讲清一碗泉的例子，黄河南岸的问题自然迎刃而解了。柠条已老，蒿子新生，同样是重叠演替。

　　刘老和大家一起考察了一些试验地。看了最早从甘肃河西引种的柽柳和后来从苏联中亚引进的沙拐枣，以及几年来筛选出来的最好的固沙植物——土生土长的花棒，他让拍下照片供研究。

刘老的论点与经验

　　从野外大课堂回来，在全体人员参加的座谈会上，刘老系统简要地阐明他的观点。他首先强调科研工作指导思想的极端重要性，要有正确的指导思想，"否则工作就没有灵魂""指导思想是几十年积累形成的""是总结性的东西""青年科学工作者要向老的学习就是学这，老的要传给青年的就是传这，一个学派的继续发展也是在于这，指导思想要明确，方法可以千变万化。"

　　他说，要研究植被，先要搞清楚植被和环境条件的关系。"有机体和环境条件是统一的"，这是举全世界地植物学者，不管哪个学派都公认的基本理论。刘老认为还应再加上"辩证"两个字，即有机体和环境是辩证统一的，什么样地方生长什么草，这就是天然植被。天然植被又分为地带性植被和非地带性植被两种。地带性植被是由大气候（主要是雨量、温度）决定的，如荒漠地带的植被属沙生系列或者旱生系列；非地带性植被是由小气候或局部环境条件决定的，地下水位高的地方，如水湿地、水湿滩地、河流两岸、甸子地，不分哪种地带，植被都差不多，属湿生系列或水生系列。沙坡头高大格状沙丘，与西部龙宫湖等湖泊相距不远，大气候相同，小气候各异，两处的植被就不同。沙坡头高大格状沙丘上，天然植被属沙生系列，湖滨地区植被属湿生系列，滨湖可以造林，同一树种移植沙坡头便不能成活。小气候近似，而地下水位高低，含盐多寡不同，植被各异。在水位较高、含盐较多的地方，生长一种湿生系列植物；水位低、盐少的地方却是另一种湿生系列植物。正如著名植物学家佛朗沃有句名言："环境条件的轻微变动都能引起植物的改变。"

他强调研究植被要从宏观着眼，统观全局，搞清宏观才好掌握方向，才能进一步研究微观。具体运用这条规律创造人工植被时，应当按照时间、地点和当地的不同情况，抓环境和植物生长的主要矛盾和环境诸条件（光线、水分、土壤、地形、气候等）中的主导因子。不利植物生长的因子要防止、克服，有利植物生长的因子要利用、发扬。在沙坡头影响植物生长的是干旱和风蚀沙埋。植物需水，降水少就要利用位于沙层下稳定含水的湿沙层；植物怕风蚀，就要扎沙障来挡风；一般植物怕沙埋，沙生系列的特点是欢喜沙埋，不管哪种沙蒿，无论是东北的差巴嘎蒿，宁夏的籽蒿，还是新疆的沙蒿，都喜欢沙埋，沙埋的地方就生出新的不定根，越埋越旺。沙流缓慢，蒿子生长不旺，沙不流，蒿子就死亡了。这可能是由于水分问题，积沙是小水库，能保存水分。"我们要抓住沙生系列的这个特征钻进去，把沙子的活动和植物的生长联系起来研究。一个学科不行，要有关各科配合，设计些试验人工压沙科研项目，比较压沙与不压沙植物生长的情况。沙紧啦，把它弄松，看沙的松紧度对植物生长有什么影响。要注意观察植物固沙的全过程，摸透植物的脾气。"

他接着提纲挈领地讲了植被演替的论点，他说："地带性植被都有起点，有发展，有最后相对稳定阶段，称作稳定群落。它的发育过程称为系列，研究植被演替的系列，就是从裸地发展到顶极的一套完整的各个时期的联系，才可以看到植物群落的发展史和它的来龙去脉，它的过去、现在和未来。从裸地开始，最先出现的是先锋类型（类型也称阶段或时期），继之而起的是中间类型，最后达到顶极类型，合在一起成一个系列。先锋类型一般只有一个，而中间类型可以有好几个。举例来说，章古台植被的起点、最先锋植物是蒺藜梗阶段（就是沙米），春荣秋枯，随风飘散，固沙的作用很小，只是固沙的哨兵。继之而起的是差巴嘎蒿阶段，又分前后期，前期常生在沙丘的下部或沙丘周围，形成孤立的小丘。流沙进来，蒿子喜沙，越埋越旺，所以差巴嘎蒿是固沙的法宝。后期，蒿子连片，流沙渐渐缓慢，蒿间生出狗尾草、山竹子等，形成半固定沙丘。最后，沙面固定，蒿类绝迹，植被演替成为较稳定的羊草地群落，在固定沙丘上生长胡枝子、山杏等灌木和一些伴生树种，最后可能发展成榆树林。"

"沙坡头地区植被属沙生系列，最先锋植物为沙米，有宽叶和窄叶两种；尔后是先锋植物蒿子，有籽蒿和油蒿两种；蒿子往后是灌木：花棒、柠条、沙冬青和霸王，因立地条件而异。最后顶极是什么？可能是红砂、珍珠（灌木名，茎叶小疙瘩似的像碎珠串，可作饲料，因而被称为牧场的珍珠），这些地带性类型最稳定，等于顶极群落。从天然植被看，没有乔木林，是否演替到灌木为止？这问题还待进一步研究。"

"当前主要的固沙植物是蒿子——籽蒿和油蒿。从演替过程看，籽蒿、油蒿有一定先后顺序。灵武某地籽蒿先于油蒿，稍稍错开一点，十分接近。一碗泉无籽蒿，以油蒿为主，灵武白家滩只有少量最先锋植物白沙蒿，主要是油蒿。此地流沙上看不到油蒿，流沙固定后才有。往下河沿去，沙漠边上是籽蒿。是不是还可以再找一找有没有油蒿直接打先锋的？以上地方有的只有籽蒿，有的主要是油蒿，说明这两种蒿子可以互相代替。"

"在高大沙丘扎设沙障后，障内风沙流不严重的条件下，可以考虑能否同级顶替（就是在演替过程中同一阶段的两种植物互相顶替）越过籽蒿阶段，直接上油蒿，这样可缩短自然演替的过程。我们建立人工植被的目的是固沙，因此要注意研究两种蒿子哪种固沙作用好。油蒿初期生长虽不及籽蒿，但比籽蒿固沙的作用好，能自己形成小丘，而且寿命长，它是固沙法宝，人工植被要多上油蒿。"

刘老反复讲要用动的观点研究植被问题。他说搞地植物学的如果用静的观点看问题，容易学，甚至可以说不用学；用动的观点不易学，容易错。用静的观点看植被好比看照片；用动的观点看植被好像看电影。用发展的观点看问题，才能有科学的预见性。

在讲了植被和环境条件的辩证统一的理论和应用、植被演替的理论和应用后，刘慎谔回答了同志们提的关于建立人工植被的问题。他在这些年研究自然植被和试验人工植被的基础上总结出关于建立人工植被的几个原则性问题。

一、"研究和建立人工植被必须与自然植被的研究相结合，人工植被的建立必须符合自然规律。"自然规律是不能违背的，但可以灵活加以应用，达到人的目的。要认识自然规律才能改造自然。观察对于认识自然是很重要的，但感性的认识要上升到理性认识，如认识了风蚀的规律，就可以灵活运用各种沙障，如前挡后拉沙障等办法，指挥风，叫它在哪里刨沙子，不在哪里刨沙子，叫它刨轻或者刨重，人们可以运用自如。

二、"研究和建立人工植被必须考虑植被的上下层结构，即上层结构和下层结构。上层即地上部分的结构要做到草木、灌木、乔木相结合。下层结构即在土壤中要使深根、浅根、有根瘤、无根瘤的根系相协调。结构是植物生存竞争的结果，只有摸清了这一竞争的规律，才能建立比较完美的人工植被。"刘慎谔肯定了治沙队在流动沙丘上建立人工植被类型方面做的不少工作，同时指出"过去多半考虑个体生态，而群体生态考虑较少"，树种备置试验做得不够。

人工植被的下层（即地下）结构，要做到各种固沙植物根系协调，就要研究固沙植物的根系特性。根对植物生命活动特别重要，揭露根系特性，对于选择植物种和采用适当的栽植技术，都是十分必要的。结构人工植被也就是灵活运用植物群落学的理论。

人工植被的上层结构比较复杂，可以把高大沙丘按风蚀沙埋的不同情况分为三个带，先占领沙丘底落沙坡和接近丘顶两个部位，每个带内靠单兵种作战不行，都要多兵种联合作战，各兵种要配置适当。

沙丘中部风蚀严重，怕风蚀的植物不要放在那里，沙丘上部种花棒（灌木）要配上蒿子，灌草结合固沙。沙丘间低地种喜沙埋的植物，现在只种黄柳（灌木）还是低标准的，也要配上蒿子。下一步希望小叶杨（乔木）能过关，真正做到在沙丘间低地实现乔、灌、草结合，沙丘上部草灌结合，合起来构成乔、灌、草三结合的人工植被，多兵种联合固沙。

过去做了很多试验，但比较零碎，应当有个战略的整体考虑。

三、"研究和建立人工植被要有明确的目的性。要找出生产上存在的问题，抓住问题的关键所在，从理论上为生产实践提供依据。如此，不仅可以解决生产问题，学科本身也能得以发展。"

沙坡头要在流沙上新建人工植被，目的就是要确保铁路行车安全、不受沙害。因此，要研究不同植物种的固沙作用，寻求最合理的配置和最适宜的密度，发挥群体生态效益，达到最佳的固沙效果，必须符合铁路要求的标准，才能实现无灌溉条件下植物固沙的可能性。初期还要以机械固沙作为辅助的过渡办法。

四、"研究和建立人工植被要有明确的对象。"人工植被包括的面很广，一般说来，可以有三方面：一是新建的植被类型，即从裸地开始的从无到有的植被发展过程，如在流沙上创造人工植被；二是改造的植被类型，改造现有植被，使其由低级向高级发展；三是引种的植被类型。

以上说明，刘慎谔提出人工植被是多年研究天然植被和建立人工植被（包括三类人工植被）的结果，是在原有经验基础上的系统化，包含着系统论的观点，并不是简单地把"固沙造林"换个名词。

他明确地提出学习唯物辩证法，经常说，"我总觉得辩证法对科研很有用"。他在自己几十年科学研究中，领会和运用着普遍联系、发展、量变、质变的规律，全国解放后又如饥似渴地研读了《自然辩证法》《矛盾论》《实践论》，自觉用唯物辩证法指导科学研究。因此，他劝勉青年人要学点唯物辩证法，掌握科学的思维方法，提高自己的认识能力和工作效率。他要求青年要经常给自己提点问题，分析矛盾，总结经验。他特别强调理论与实践的辩证统一，在六年前总结章古台经验时，他就明确地反复强调"理论必须与实践结合，才能更好地发挥理论的作用，而实践也必须提高到理论认识，才能更好地解决实践问题。"理论要接受实践检验，治沙的论文不仅要写在纸上，而且要写在辽阔的沙丘上。他向他们讲的是动态地植物学的道理，同时也是一堂精彩、生动的唯物辩证法课。

刘老还谈到科研与生产，以及各学科之间的关系问题。他说从事基础学科研究的人，容易只从本门学科出发寻找科研方向，不大考虑生产任务。但是，不从生产出发没出路，要从生产出发去找规律。从事应用科学的人常从生产任务出发，但是，不钻理论就深入不下去，不找规律就和生产部门没区别。

他说，沙坡头试验站是各学科活动的场所，要搞"国际主义"，不能分大小学科，每个学科都是一个兵种，缺一不可，同等重要，应当互相尊重。指导思想要统一，才好共同作战，同时各学科又要明确自己的方向。各学科间要配合协作，互相渗透，我中有你，你中有我。搞生物的要走土壤的道路，搞土壤的要走生物的道路，学林业的要走森林生态学的道路。因为土壤的物理、化学成分与生物是一致的，什么土上生长什么植物；另一方面，植物的繁衍也会改变土壤的物理、化学成分，两者是辩证的统一，不能简单地说环境决定生物。

他再次谈青年、老年科学工作者要自愿结合，互学互助。青年要虚心学，老年要耐心帮，学要有劲头，求师要自己争取。一个学派要有经师，才算得科班，才能达到科学的继承。最后他讲到了试验站的领导同志，"只领导一路诸侯容易，如果要领导几路诸侯就不容易了，必须调节各路诸侯、各个兵种的关系。"大家都听出来刘老是针对有人只考虑自己专业方向的倾向而发，击中了痛点，说到了心上，大家会意地笑起来，说李鸣冈同志正是这样的，他的上衣有两个大口袋，一个装土壤，一个装植物。

6 月 16 日，大家依依不舍送刘老往内蒙古头道湖站去了。他们这才如梦初醒，原来刘老口口声声说，他只为了指导人工植被小组而来，实际上是主动办了个浓缩的小型讲习班，在一周内提纲挈领集中讲了他关于"植被演替"的论点，并且紧密联系实际指导了沙坡头的任务。这些是第二年（1963 年）他在林土所举办的讲习班上，讲授动态地植物学的组成部分。后来讲稿更系统详尽地加以阐发，大家才体会到他要在此地建立一块样板、一个基地，验证他的论点。他特别殷切期望在这全国第一次最大规模植物固沙的科学实践中，锻炼出一支包括各有关学科，以辩证唯物主义为指导思想、精通地植物学和各相关学科专业知识的队伍，造成一个独具特色的学派。他迫不及待渴望青年成才，满腔热情要把自己几十年的心得传诸其人。一个人生命有限，而知识和事业的传递是无穷期的，理论、样板、队伍，这就是他深心的追求。

第九章
从学习到独创

　　沙坡头的治沙人摸清楚了沙生植物的脾性，以及它们和这环境条件的关系。配置好先锋植物的植被组合已经种下了……植被演替理论将被证实是正确的。

沙生植物

草木本无心，但当沙坡头人把草木同自己的事业、理想、生命、追求联系在一起的时候，草木似乎也有了灵性。它们似乎也汇入到沙坡头人的事业中来，听候沙坡头人的调遣，进入各自的阵地，发挥着人们企望它们发挥的作用。

这是草木自身生命的一次飞跃，是沙坡头人对自然认识的一次飞跃，也是沙坡头人人生价值的一次飞跃。

八年的固沙植物试验，经过刘慎谔的启发，进入了更自觉的阶段。沙坡头人下决心要好好摸一摸沙生植物的脾气，看它们怎么能在那么严酷的环境下生存？哪些植物的固沙本领高？为了建立人工植被，当前要选择哪些植物种？从天然演替的趋势看，下一步应当选择哪些植物种？他们先从已经初步筛选出来的一些植物，如花棒、柠条、油蒿、黄柳、乔木状沙拐枣和头状沙拐枣等着手，用各种方法，研究它们的生理、生物、生态等各个方面的特点，探索它们抗御风蚀沙埋和忍耐干旱贫瘠的奥秘。

这些固沙植物尽是些貌不动人、名不见经传、鲜为人知的半草半木。在植物学中也占不了多少篇幅，更难得到画家、诗人的垂青，在著名边塞诗中提到它们时也只笼统称作"塞草""白草"，如"白草磨天涯""大漠穷秋塞草腓""北风卷地白草折，胡天八月即飞雪"等，写这些不过是为了衬托悲凉的景色和心境。这些灌木没有高大的植株，没有翠绿的阔叶，更没有艳丽的香花。长期适应风沙干旱使它们植株变得矮小，枝叶退化成针状、鳞状。在半荒漠的先锋植物——蒿属中，矮的只有几寸高，高的也不过一二尺。它叶片分裂细碎，宛如绿色流苏。这群"小矮人"中唯一的彪形大汉，是从苏联中亚迁来的"移民"——乔木状沙拐枣。它身高可以达到 4 至 5 米，因而被称作大型灌木。但它虽然状似乔木，却没有叶片，光光的绿色枝条像是早春尚未吐叶的柳枝，远远望去，不见浓绿的树冠，纷散的枝条宛若笼着淡青纱罗。和它同种的头状沙拐枣，来自新疆干旱地方，依然是小型灌木。沙丘上野生的花棒长到老（13 岁）、柠条到壮年（7 岁），株高也不过两米上下。花棒下部还生着稀疏小叶，到上面就连小叶也没有了，全凭叶轴同化作用，一年两度花期，淡绿光枝上穿着密密紫红小花，真像个缠绕着花串的金箍棒，不知谁最初想出这个名字，多么形象、生动、贴切。

　　有的沙生植物叶面生着灰白色绒毛，以减少水分的蒸腾，加强对强烈阳光的反射作用，防止被灼伤。柠条的叶表皮有气孔，每平方毫米——不到半颗米粒的微小面积内，竟有 400 个气孔，只有在显微镜下才看得出来。大自然的微雕技艺真令人叹服。气孔在水分充足时，大大张开，促使蒸腾加快，天气干燥时，紧紧关闭，减少水分的损耗。

根系的秘密

　　要知道草木的本心，不能只看地上的形态，更重要的是必须穷根究底，看一看它们隐藏在地下的另一面，那不为人知的秘密。科学工作者把沙土一层层掘开，剥离出细密的根须来，在格子纸上画出主根、侧根、水平根、垂直根分布的状况，以格子表明根的长短和疏密，这就是根系的水平和垂直剖面图。挖根绘图这项科研的"粗活"似乎简单，不，不，干这需要外科医生那样的眼明、手巧、细心和有责任感，才能尽量不弄断微血管般的须根。如果不懂行，或者粗心大意，不但绘出的图不精确，而且搞不好可能有生命危险：挖到沙深处，疏松的沙土随时会突然出其不意地坍塌下来，如果沙埋到人胸际，引起窒息，就有生命危险，比土埋水淹更难解救。以前有人写过一篇《沙葬》的散文，描绘一个孤身过客，在沙漠腹地踽踽独行，不幸陷入松沙，愈挣扎陷得愈深，终于没顶，只剩下几丝乱发在沙面飘动。这沙葬的悲惨景象给人深深的恐惧感。但科学工作者却乐此不疲，因为根会向他们展示植物的奥秘，回答他们在地面观察中的疑问。挖根绘图时，一个人开掘，从根上剔掉沙土，另一人绘图，并且从上面监护，发现沙崩迹象，立即把坑下的人拉上来。不挖开来看，一株短小干瘦的灌木或半灌木，有多么庞大的根系，是难以想象的。两岁的籽蒿株高不盈尺，而根深却是株高的一倍，水平根更发达，竟是冠幅的七倍。荒漠锦鸡儿根深是株高的五倍，水平根幅是冠幅的二十倍。花棒的水平根可以伸到 3 米以外，黄柳水平根能在沙下潜行 20 米远，沙拐枣水平根创造了 30 米的记录，柠条的根能钻到沙下 9 米多深。要完整无损地画下它的根系，就得挖开长、宽、高为根幅乘以根深的大坑，要刨多少沙子，要费多少力？谁想过小小一幅根系图要付出多少辛劳！但是科学工作者为了穷究沙生植物的底蕴，不管纤细的根须跑得多远，钻得多深，他们都满怀探索的乐趣跟踪掘进，穷追不舍，不见根须末梢不罢休。当他们终于追到终点，弄清根系的隐秘，绘的人从上面坐滑梯似的滑落到坑底，他们气喘吁吁，却一起开怀欢笑，一下子忘掉了刨沙的辛苦和沙崩的危险。

沙生植物枝叶退化是为了节约水分。它庞大的根系正是为了广开渠道，多吸水分，细密的根须向四面八方伸展开去，上下求索，把十分稀缺珍贵的水和养分，涓滴无遗地吸收来。先锋植物水平根特别发达，拼命横向发展，扩大找水面积，它的主要根系集中在离地表 1 米上下的沙层中，根大吸水多，发育快，衰老得也快。当根密集的沙层中水分差不多被咂干，接近植物凋萎度时，它就开始衰败，逐渐死亡。根据水分生理试验，花棒比较耐干，在沙中含水量为千分之五时才凋萎，沙中含水千分之八时，还能活 20 天。先锋植物完成了自己的历史使命，便悄然引退，让位给继起的后期植物。

后期植物柠条水平根不及先锋植物，但垂直根特别发达，上层吸不到水，坚硬的主根就钻进下面湿沙层，从深处汲水，维持生命。后期植物在流动沙丘上早期成活率、生长量都赶不上先锋植物，但后劲大，固沙的希望在它们身上，应当为它们的接班早做安排。

他们还做了一个试验。他们把整株沙生植物挖出来，地上部分与地下部分分开烘干，用天平称出干物质重，加以比较。他们惊奇地发现地下部分的干物质重，竟然超过了地上部分。沙生植物根深大于株高，根幅大于冠幅，地下部分干物质重于地上部分，广吸水，少消耗，开源节流，这就是沙生植物能够忍耐干旱、贫瘠的秘密。

沙坡头站的科研人员在做植物生理实验（1962 年）

他们研究根系发育的过程，春季栽植一批沙生植物，半月后挖出若干株，量一量根系长短和分布状况；一个月后再挖若干株，又量一次；初冬植物停止生长时最后挖一次，比较根的生长速度。开始时，根生长很快，一定时期后减慢。同时，沙由地表一层层向下变得干燥，因为沙的质地疏松，水渗得快。如果植物根系在沙层干燥前，抢先进入干沙下的湿沙层，植物就可能成活。相反，如果根的生长速度落后于沙变干的速度，根须夹在干沙中，吸不到水分，植物就夭折了，成了老乡口中的"吊死鬼"。因此，要根据情况，在雨季来临前，稍稍提前栽植，在这场速度比赛中，帮助根系提前起跑，争取在沙干以前抢先进入湿沙层，植物成活就有望了。掌握了这一规律，就可能提高沙生植物的成活率。

沙坡头每年降水量变化幅度大，湿润年和干旱年交替出现，沙生植物遇上湿润年就抓紧有利时机，迅猛生长，旱年就收缩机体熬过难关。花棒湿年能生出1米长的新枝，旱年生长量锐减，提前停止生长，春旱严重时红褐色表皮丝丝缕缕脱落。有的植物在旱年会有一部分枝叶枯死，只留一部分维持生命，一朝有雨，又生机勃发。沙拐枣湿年枝条青翠，旱年黯然失色，雨来马上焕发青春，它们就这样伸缩自如，随遇而安，适应变化不居的环境条件。他们由此考虑到湿润年多栽植，成活率高，干旱年少栽，免得枉费苗木和人工。

迎着风沙的植物

为弄清风沙流动和植物生长的关系，他们照刘慎谔的意见，设计了人工压沙和沙子松紧度对植物生长影响的试验。发现花棒在沙埋后，茎部会生出多层水平根须，沙子堆积越高，根须也长得越多，植株随着流沙一步步爬上沙丘半腰，枝条儿拨开沙堆探出头来，喜滋滋地自诩"风沙凭借力，送我上高丘"。但是，当积沙速度超过根的生长速度，沙埋植株半截，它就生长不良，逐渐枯萎了。沙埋与风蚀本来是相互关联的。花棒喜沙埋，对风蚀也还能抵挡一阵，大株的花棒被风在根部掏下 1 米，根暴露在烈日下狠晒，它依然撑得住，挺立不死。花棒枝条披纷，树冠大，能挡风。每秒 6 米的起沙风经过成带的花棒时，背面风速降低一半。它耐风蚀沙埋，又能挡风，不愧是固沙先锋中的佼佼者，可以请它在沙丘中上部风蚀较重的地方把守关隘。

在沙拐枣被风刨暴露出的裸根上，又会生出不定芽，萌蘖成新枝。它适应性好，随遇而安，故乡虽在中亚，但到沙坡头几年就定居了。可以把它安排在接近丘顶西北风和东北风更迭、风蚀沙埋交替出现的地方。

黄柳最爱沙埋，越埋越大，不埋不旺，这可能是因为它原属湿生系列，特别喜水。但试验结果表明它喜沙也是相对的，沙埋过植株三分之二时便枯死了。李鸣冈在章古台时曾总结黄柳的一生是："生于湿地，长于流沙，死于草地。"沙丘固定成草地，沙不流动，变得坚实，黄柳的生命也就结束了。它最怕风蚀，只要风掏下 20 厘米深，暴露出它的根，便活不成了。它对生长的部位特别敏感，喜沙埋、忌风蚀，种在落沙坡或沙丘脚下流沙过处，比种在风蚀严重的迎风坡半腰，生长量相差八九倍，因此，切不可种错部位。

柠条植株高大，枝叶茂密，耐沙埋和抗风蚀性能都较强，积沙作用也好。油蒿枝条散生贴近沙面，风来卧倒，风刨硬不刨软，吹不折它，它却乘势抓住沙子，一把一把堆积在身旁，成个沙包，积沙作用比籽蒿像"一炷香"一样直立的主茎强多了。固沙就要选择积沙作用强的植物种，如油蒿、花棒、柠条。为什么沙埋能促进沙生植物生长？初步探索，可能是因为"沙包是个小水库"，归根到底，促进生长的因素是水。他们试验用人工松沙来促进植物生长，效果不显著，也没找到最方便的办法，使沙松紧恰好符合需要的程度，一时还不能大面积推广。

研究固沙植物，从章古台开始算起，整十年了，先后引种、试验了六十多种植物。试验过八种乔木，栽植不下几千株，差不多"全军覆没"。就是灌木也不是都能适应，喜盐的吉兰泰梭梭在本地育苗也长不好。章古台的治沙法宝差巴嘎蒿种过上万株，熬不过旱年，大批死掉。有固氮作用又可作饲料的紫穗槐，六七年只长成小老树，谈不上什么经济价值。东北的白茨、山竹引种失败，本是湿地生，叫它怎么在干沙丘上定居呢！刘慎谔寄希望于沙枣、小叶杨与灌、草构成三结合的人工植被，但是反复试验，不稳定，没有过关。唯有从苏联和新疆引进的乔木状沙拐枣和头状沙拐枣生长良好。筛选的结果，还是土生土长的油蒿和大灌木花棒、柠条，以及引种的两种沙拐枣是固沙优良植物种。在研究过程中，曾发生过本地区是乔、灌、草三结合固沙，还是灌、草结合为主的问题，也发生过是以引进植物为主，还是以乡土植物为主的问题。通过十年实践，问题基本上解决了，认识趋向一致了。

人工植被的蓝图

摸透了固沙植物的脾性，也就是摸透了植物同环境条件（风沙活动，水分养分，沙丘形态等）的关系，怎样构造固沙效益最佳的人工植被，也就顺理成章了。

要达到最大防沙固沙效益，必须配置也最合理，把耐风蚀的植物放在风蚀的沙丘部位，把喜沙植物埋放在沙流动的部位，使它们各得其所，这样就能多成活、长得旺。

要想配置合理就要处理好植被的上下层结构。为此，就必须研究植物种之间的关系，是相辅相成，还是相克相伤。他们仔细考察天然植被中哪些植物欢喜在一起生长？哪些很少见一起生长？同时把筛选出来的优良固沙植物种，配置成各种组合进行试验。结果，花棒和油蒿混栽，油蒿受压抑，生长不好，不如纯林；花棒和籽蒿混交，三年后根系密集，在同一沙层争水；唯有柠条与油蒿混交，柠条根系深入湿沙层，油蒿根密集浅层，两者分层用水，提高覆盖度，起到比纯林更好的固沙作用。在一碗泉和黄河南岸天然植被中，两者也生长在一起。合理配置的效益超过了单一的纯林。

合理配置中他们还考虑到植被演替的问题。因为环境条件严酷，人工植被生长时间长，必须兼顾当前和长远，预先部署接班品种。1958年，他们曾大量栽植籽蒿，沙障稳定流沙后，籽蒿生长不良甚至成片死亡，说明应多种油蒿。

要达到最佳防沙固沙效益，还必须找到最适当的密度。种太密活不多，长不好；种太稀固不了沙。他们考察天然植被的密度，同时通过研究固沙植物的生理、生物、生态的特点，从三方面探讨最适当的密度。

他们首先从植物根系的特性来确定种植密度。沙生植物，尤其是先锋植物水平根特别长，根须会伸出几米、十几米乃至几十米，但根须密集的范围却比较小，一株三年的花棒最长的水平根可以接近3米，密集根幅只有2米。虽然根幅还会随花棒的年龄增长而扩展，但计算密度用2米就可以。由此推算每株花棒营养面积大约为2米×2米，即4平方米。100平方米可以种25—30株。原来的密度为此数的4倍，根须挤在一起展不开，得不到足够的水分养分，当然限制了植株的发育。根据根系实测的结果，照此推算，柠条100平方米可种40—50株，为原来密度的一半。小叶杨根系营养面积为9平方米，需求高，难过关，只可在适宜部位少栽些。

他们考虑适宜的种植密度还决定于植物的耗水特性。只要测出每株沙生植物一天的耗水量和它根幅密集范围内沙子含水量，这块沙能养活几株植物就清楚了。道理很简单，做起来却不简单。因为一年内沙内含水量和植物耗水量变化不定，不是常数。5—7月降水少，而植物生长正旺，耗水多；7—10月雨季来临，沙层水分得到补充；10月到翌年5月降水少，植物已经休眠，耗水少，沙内水分可以维持平衡。植物一年中最大的干旱难关在6月前后，能熬过这一关，就有希望成活了。因此，测耗水量和含水量都应选在 6 月份，隔十天做一次测量，用三次平均数力求准确。蒋瑾等人就承当了这精细的活，带上测量的扭力天平等仪器和干粮、水壶，登上沙丘，从选定的沙生植物上摘下二十张叶片，在扭力天平上称出重量，记下数据，隔两小时做一次，二十四小时连续干。夜间，老羊皮筒一裹，枕着沙丘，盖着星空，沙漠之夜静到连沙蜥和别的什么小生物乘夜凉出来活动，窸窸窣窣从他们头边爬过，都听得清清楚楚。他们默默躺着思索：已经取得的数据中间隐藏着叶面蒸腾的什么奥秘呢？有哪些因素影响叶的蒸腾强度，温度、气流？他们仿佛看到绒毛遮掩下的气孔在烈日下关闭，夜凉时张开，调节水分的蒸腾、耗散。根据实测，计算出每日每平方米叶面的耗水量，乘全株冠幅面积，就求出一株耗水重量。对照根幅体积的沙中含水重量，每百平方米可以供养 32 株三年的花棒。这与用根系特点计算出来的 25—30 株十分接近。黄柳蒸腾强度大，耗水多，每百平方米只宜栽 17 株。原来密度为每百平方米 100 株，当然不易成活。

　　为了研究最适当密度，他们还做了多年来建立的人工植被不同密度类型的调查。密度小的植被单株生长旺、冠幅大，但株数少，覆盖度有限，难以达到固沙的目的。密度过大，植物生长不良，覆盖度也下降。不同密度类型比较，每百平方米超过 40 株花棒，各项生长指标都逐渐下降。因此，每百平方米种 40 株是密度的极限，参照前两种测算法，最适宜的密度为每百平方米种 30—40 株。柠条每百平方米栽 100 株，生长良好，但冠幅小，减到 30—40 株，可以提高覆盖度和固沙效果。

　　他们在人工植被区观察到一种奇怪的现象，全面均匀栽植的固沙植物，经过几年，有的生长良好，有的死亡，都呈带状，一带植物长起来，相邻的一带死去，为什么这样？他们思索，可能是由于沙生植物的群聚性，成排生长的抗御风沙能力强，较易存活，孤零零一株，四面受风，难活。由于栽植过密，一部分活下来，就要夺去相邻一部分的水分和养分。在大自然启发下，他们大胆改变栽植习惯，变全面匀栽为带状栽植，栽两行成一带，栽一带，空留一带，疏密相间，植株背靠背，互相依托，面前又有足够的空间，可以既适应群体生态，又保证营养面积，试验效果很好。

植物固沙一方面要摸透固沙植物的脾性，另一方面要掌握风沙活动的规律，风如天马行空，流沙随风聚散，捕捉它们的来踪去迹，很不容易。沙丘这庞然大物，每年移动多少，确实难测。从 1954 年铁科院和设计院建站开始，就遇到很多难题，也请教过苏联专家，没有彻底解决。治沙队伍中这一路"诸侯"屡屡变动。凌裕泉先后在沙坡头工作过五年，算是较长的了。他 1959 年毕业于南京大学气象专业，后来到新疆搞过沙漠研究，发表过不少关于风沙的论文。他和一些同志进一步探讨风沙运动的规律和麦草方格沙障防止风沙危害的原理。1963 年4—6 月，他们连续观测了地表上 2 米内不同高层的风速和地表 10 厘米内的输沙量。

他们观测到风刮过沙障时遇阻，气流产生了漩涡，一点点掏蚀方格中心，把沙子堆到方格的四边，方格中心部位逐渐被掏下大约 10 厘米（就是边长的十分之一）时，形成光滑的凹曲面。风顺着曲面一掠而过，不再掏蚀，曲面就稳定下来了。风把麦草方格雕成一方方硕大的砚池，像一口口浅底锅，纵横有序地排列在一起，也像一条条平行延伸的搓板。风驰过流沙，如同在光滑平坦的高速公路上，可以开足马力疾驰，转上坎坷不平的搓板路，便不能肆无忌惮开快车了。风速降到起沙风速以下时，推不动沙子，沙不流动，就不足为害了。从实测得出的结论是 1 米×1 米的方格沙障效果最好，麦草障只需高出地面10—20 厘米。他们还测出风搬运沙子主要在贴近地表 10 厘米内，往上输沙很少。2 米×2 米方格中心掏蚀很深，效果不好。这就为草方格沙障提供了理论根据。

他们先后几十人在沙漠中苦战八九年，终于研究出机械固沙和生物固沙结合的方法，选出合适的沙障，选出最佳固沙植物，摸索出科学育种方法，研究出最合理的配置，最适当的密度，总结出带状种植等一系列栽植技术，绘出了流沙上从无到有建造人工植被的蓝图，只差实践的检验了。他们心中充满希望和欣慰。

水旱之争

麦草沙障工程还没完成，固沙植物盖度达不到固沙标准的 30%，离 1959 年总结中期望的 3—5 年林木郁闭更远。而头一批麦草沙障经四年风吹日炙已经腐朽，迫不及待须要更换、重扎，工程量很大。这种情况再次引起对无灌溉条件下植物固沙可能性的怀疑。重新爆发了走水路还是走旱路的争论。

1963 年，林业部一位负责该项目的同志到铁路防沙林场检查工作，林场反映照原造林固沙方案实施的结果，草木生长不良，相当部分濒于枯死，沙丘只能种灌木，迟迟达不到固沙盖度，而麦草沙障，四年一扎造价昂贵，工程繁重，长此结扎下去，几时才能固沙？看来走旱路未必行得通。黄河就在脚下，提水灌溉，便可以种乔木，促进灌木加快生长。早日使灌木加快生长，早日实现固沙，保证铁路不受沙害，才是根本之计。该同志同意拨一笔款，做提黄河水灌溉造林固沙的试验。

李鸣冈认为走水路走旱路关系重大，如果要在铁路两侧造林，先得平整沙丘，修提水泵站，铺设输水管道和防渗渠道，栽树前也得扎一次沙障，以后长期灌水，一年十次或更多。费用比四年扎一次麦草沙障高得多，而且建造林带窄了挡不住风沙，宽了费用太大，同样存在"灌到几时"的问题。可以做提水灌溉种乔木的试验，但是切不可停止结扎麦草沙障，否则走旱路的试验功败垂成，无论对护路、对治沙科学，损失都是难以补救的。

1963 年秋，中国科学院为讨论沙坡头的植物固沙前景，以及科研工作是否继续，在沙坡头召开现场会。副院长竺可桢、秘书长谢鑫鹤

主持会议，地理所所长李秉枢和黄秉维，林土所的朱济凡、刘慎谔和
有关方面专家都到会了。他们仔细考查沙坡头试验站的工作，听取会
议上的意见，明确肯定试验工作是有成效的，无灌溉条件下植物固沙
有希望取得成功，只是时间需要长，在年降水 180 毫米的临界条件下，
若研究成功无灌溉条件下植物固沙，无论从理论或从实践应用角度看，
都很有价值，应当坚持下去。

中国科学院副院长竺可桢在沙坡头站视察防沙治沙试验和示范工作（1963 年）

　　竺可桢认为研究沙漠和治沙措施要以野外站为重点，科学考察
队不能起定位站的作用。沙坡头站作为长期定位站要坚持下来。国
家在暂时困难时期调整机构时，把一些综合性的研究单位按学科分
开了，科学院的治沙队还是把各科合在一起，这样有利于发展新的
边缘科学——沙漠学。他还鼓励研究人员，要用新的理论、新的试
验工具从事科研，譬如用空气动力学的理论探讨风沙移动规律，用
电子显微镜考察固沙植物的结构特征，用风洞检验沙丘固定程度
等。他批准在沙坡头站建试验室（土壤分析和有关植物学的试验
室）。他的勉励落入他们的心田，就像沙漠植物快熬不过干旱时得了
场救命雨。

阻固结合、水旱兼程

1957 年制订，1958 年大规模施工的固沙造林计划，到 1962 年只完成了大约三分之一工程量。有部分设计行不通，如 2 米×2 米、2 米×3 米的大方格起不了固沙作用，施工中不得不变通改小。1962 年，铁道部鉴于与林业部的合同于 1964 年即将到期，如果要继续执行，必须再提方案，经过批准，才能拨款。铁道部为此做了一次大检查，也发现不少问题。治沙试验站通过科研同样感到有修改必要，譬如 1957 年选的有些固沙植物种，经长期考验，发现不适应沙坡头的条件。1963 年的全国人民代表大会上，刘慎谔等代表提出一项修改固沙造林方案的议案。铁道部接受了这一建议，并负责办理，便商同林业部和科学院下达通知，把这项任务交给中科院治沙队，由铁道勘察设计院协助计算，提出修改方案，报铁道部审批。

铁道部勘察设计院的赵性存工程师和他的同事们重返阔别五年的旧地，和李鸣冈等同志再度合作。他们都曾在这高大沙丘上摸爬滚打过七八年，对沙丘和植物的脾气心中都有个数，很快就把双方人员组织起来，分组深入下去调查，分析铁路上沙害事故的记载，逐块实测沙障的存毁，与 1961 年铁路上拍摄的航空照片对照；又一株株统计干枯、死亡的固沙植物，刨出根系找原因，同站上保存的科研档案对照。调查整整进行了一个多月，对铁路沙害和固沙造林方案的成效，认真仔细地做了一次全面检查。检查的结果认为："几年来，经中卫固沙林场和兰州铁路局等单位的共同努力，铺设了草方格沙障 1034 公顷，造林 903 公顷，这实在是了不起的大工程，只是国家处于暂时困难时期，劳力、材料供不上，影响了工程进度。他们的努力在一定程度上改变了铁路沿线流沙的情况，基本上保证了列车的安全通行。但原设计在技术方面和施工管理方面存在一些问题，如防护带的宽度，草方格的规格和配置、树种的选择和配置、栽植密度等。据最近调查，几年来铺设的草方格仅保存了48.1%，现有的植物保存面积，仅占原栽植面积的54.7%。风沙对铁路的威胁仍属很大。"

由沙害造成的事故有以下几桩。1959年2月长流水车站，发生由于风蚀引起流沙埋轨事故。1963年3月发生了一次火车脱轨事故，因为铁道上积沙延长七公里，遇到刮大风就要清沙，正是这一沙害造成了事故。同年在两处山口发生了舌状沙害，流沙自高而低喷射出来，形成几米到几十米的长舌，伸向路轨，引起暂时停车。此外，还发生了一起堆状沙害，一个小沙丘神不知鬼不觉地顺风爬上路基边坡，已经到半腰了。

他们仔细检查了沙害的起因。有的是因为沙障没扎到那里，在不设防状态下，被风沙偷袭进来；有的是因为防护带太窄，抵挡不住强劲风力，被攻破侵入；有的因防护带破口没及时修补，风沙便乘隙而入。凡认真扎了1米×1米的方格沙障又有足够宽度的地方都没发生重大事故，整整五年，火车安全穿越大流沙，天堑变通途，说明沙障可以固沙，原设计方案发挥了护路的作用。在1957年防沙科研才开展两年的情况下，能制订出这样方案，确实是难能可贵的。铁路防沙林场能组织职工和民工把方案付诸实施，完成了那样巨大工程量，功绩也不可埋没。

普查发现原方案有些设想不切实际，如在铁路南北两侧共设计了九条防护带，姑且叫它九道防线吧。最北面与腾格里接壤的头道防线，原来设想封沙育草，靠自然生草固沙。但是，这个光秃秃的沙丘没有草，并非由于人为的过樵滥伐。附近居民稀少，沙坡头对面就有煤矿，谁会冒险深入沙荒拾柴呢？所以封沙没有意义，自然恢复植被也很难指望，他们做过多种试验，如大苗深栽和大粒种子直播，都不成功，更不用想自然恢复了。这一带实质上是不设防的"防线"。第二道防线只在5%的面积上扎团块沙障，掩护旁边固沙植物，听其自繁，这不啻在千米宽沙场上挖几个孤零零的掩体，构不成防御工事。朔风野大，孤垒很容易被摧垮，沙障不保，如何保护固沙植物呢？两带合成"弱营区"，宽达 3500 米，实际上是空留带，起不了阻挡风沙的作用。

原设计的第三道防线扎的 3 米×2 米的草方格太大，中心风蚀深达 14.4 厘米，施工时就改为 2 米×2 米，仍然偏大，四年后检查，已被毁坏 80%，显然抵挡不住风沙。原设计的第三带和第四带都空留沙丘上部三分之一，与丘顶以及落沙坡 40%面积不扎麦草沙障，设想借风力削平丘顶后再栽树。这在主风向单一的地方本是成功经验。但是沙坡头主风不止一个，而且变化多端，一年四季丘顶随风向前俯后仰，往复摆动。扎牢沙丘下面三分之二面积，不封顶，风来四面，丘顶就开了花，正像风向玫瑰图绽开了花，沙子从破口喷射出来，四下飞散，淹没周围的沙障和固沙植物。真正是自毁长城。

原设计设想北方刮来的风经过四道防线，5000 米长途，力量已消耗殆尽，到达最后一道防线时，已成了强弩之末，因此，这道防线不须多宽，100 米足够。实际上强风从北方奔腾而下，势如千军万马，长驱直入，一路很少受阻，耗损不多，直逼路轨北侧，严重威胁铁路安全运行。

综合以上问题，原设计的防护带过宽，施工量太大，九条防线结构和配置松散，不能构成一个完整的防护体系，发挥不了整体的效益。照这方案设置的麦草沙障和栽植的固沙植物，不需多久就会被风蚀沙埋，处于毁灭的境地。

他们针对调查中发现的问题和七八年研究的成果，从全局考虑了修改方案。由于铁路穿过腾格里东南缘，四周是沙，北方又有广大沙源，铁路受到北方来沙和就地起沙的双重威胁，1955 年的试验单纯阻沙不固沙，结果高立板障很快积沙，成为卧在路轨两侧的两条大沙龙，如果把板障沿主风向移出去几百米，又阻挡不了后边起沙，因此行不通。

1958 年的造林固沙设计取消了阻沙，单纯固沙，1963 年检查风沙流浸入固沙区平均每年 20—50 米。五年间，将近一半草方格沙障被埋，破坏严重。说明单纯固沙也不可取。

实践使他们认识到：应当把阻沙和固沙结合起来，发挥综合效益，同时解决迎风向前方来沙和就地起沙的问题。具体措施是在防护带与风沙接壤的最前沿，设立 1 米高的柴草编织的栅栏，拦截从北方入侵的流沙，一部分沙穿过柴枝的孔隙，进入栅栏内。根据凌裕泉等同志的研究，栅栏孔隙度为 30% 效果最好。实测结果是 90% 沙量可以被拦截下来，堆积在栅栏内外，日久形成沙堤，就像海岸防波堤，阻住北方来的流沙和沙丘。沙丘被阻，摞在沙堤上，堤越来越大，移动速度逐渐降低，还可以在堤上种植喜沙埋植物，来加固它。沙堤距路轨 500 米，中间又隔着草方格固沙带，路轨不致受到直接威胁，栅栏在前沿拦阻流沙，麦草沙障在后方固住地面不起沙，阻固结合，以固为主，阻沙栅栏保护固沙带，形成体系，发挥整体作用，使功效大大超过原设计。

1958 年的设计指导思想是松散结构，弱营区占一半，部分草方格太大，沙丘由底到顶留 40%。实践证明这是不切实际的，应该反其道而行之，取消弱营区，沙丘上沙障要一扎到顶，草方格缩小，严密封锁，使沙子不能乱动。

采取阻固结合和严密结构后，整个固沙体系就可以大大缩减，按整个沙丘移动年速度计算，而不是按无障条件下流沙年进度计算，根据 1958 年他们实测整丘年移动 2—4 米，一百年按 400 米，再留些余地，北侧设计 500 米，南侧设计 200 米，从 1963 年调查看，可以保铁路安全行车。经过这样修改，大大减少了工程量和造价。

关于固沙植被，他们也走过曲折的道路。曾想不借助机械固沙，不设沙障，单纯搞植物固沙，虽然先后采用过各种方法，如大苗深埋，大粒直播等，但都没有成功。反转来，单纯靠沙障固沙，板障太贵，麦草沙障不持久，三四年要扎一次。因此，必须把机械固沙和植物固沙正确结合起来。开始靠沙障固沙和保护植物成长，植物生长达到能固沙的程度，就无须再扎沙障，植物能不断更新，使流沙变成固定、半固定沙丘。所以，植物固沙即长期形成有生命的沙障——"生篱"，才是主要的、长远的；机械固沙是辅助的、过渡的。

对固沙植物的选择、配置也做了修改，原设计方案把高大格状沙丘根据水分、土质、部位，划分为十四个典型地区，各区配置十八种植物，过于复杂不便施工。大量采用籽蒿和差巴嘎蒿，部分采用梭梭都不成功。他们在 1958 年设计后，经过反复试验，已基本上解决了建立人工植被的一系列问题。修改设计也可顺利完成。

　　这次修改设计实际上是他们八年工作的总结。全面应用了各学科的成果，设计思想也有很大提高。1964 年报送铁道部审批，1965 年 1 月，铁道部批件下达，批准了他们的修改方案，他们高兴得无法形容。但付诸实施时，老争论还是统一不了。倘若无灌溉条件下植物固不住沙，再回头搞灌溉造林固沙又得耽搁好几年。最后领导划给试验站和林场各 1 公里地段做试验，水路旱路兼程并进，让实践和时间最后裁判吧。

返京休整

　　李鸣冈和全体人员，下决心在划归他们的地段上严格按修改的设计施工，用只争朝夕的精神当年就设沙障，当年栽固沙植物。李鸣冈和全体工作人员当领工员，带着请来的民工漫山遍野扎起麦草方格来。他们先讲清栽种要求，苗子运到沙丘下，取出要马上栽的分给各小组，其余"假植"（暂时用湿沙把根埋起来）。林土所同志每人带一个组，担任指导和监督，手提盛泥水的苗钵，让根浸在水里，保持湿润，按规定深度挖好坑，把根展开，踩实，他们一一示范，民工跟上做。民工对沙害是深有体会的，干得很认真。为鼓励大家的情绪，他们展开竞赛，干得热火朝天，一向冷落寂静的荒漠，出现了节日般的欢乐热闹场面。往年入冬植物停止生长时，他们在 10 月间做过一次检查后，就离开沙坡头，回北京休整。但是这年他们硬挺着一口气干到年底完工才回。李鸣冈带着他的队伍，兴奋又疲倦地登上火车东去，大家紧靠车窗，望着大片新扎的麦草方格，仿佛草香已飘进列车，沁入他们的心脾，渐渐草方格退到后面看不见了。暮色苍茫，八年往事一幕幕浮现在他们眼前。他们受命初来沙坡头时，站在沙漠学这科学高峰的脚下，抬头仰望，顶峰插入茫茫的云际，高深莫测，大有"高山仰止"之感，不知从何起步。他们只是攥住苏联专家彼得罗夫和刘慎谔、李鸣冈等人抛下的登山保险绳，沿着他们的足迹，步履艰难地在崎岖小径上攀登。不知走过多少曲折的路，不知跌过多少跤，有的同志跌得头破血流，几乎丧命。他们义无反顾，从不退缩，到底坚持下来了，到底爬上来了，由对沙漠学几乎是无知状态，到一步步接近真理了。通过这次修改设计，他们感到是登上一个平台，俯瞰山下出发处，才感到上升的高度。不管前面还有多少路，多少艰难，他们清醒地知道光辉的顶峰还在"云深不知处"，但是他们有勇气、有信心、有能力继续攀登了。他们不需要再靠着先辈为他们探路了。他们来时二十出头，现在年过而立，原来站在这门学科的门槛上，自觉还是小学生，现在能够独立思考，独立工作了。他们感到自己突然长大成熟了，这在人的一生中是一个飞跃，一种突变呵。新中国培养的沙漠科学工作者成熟了，他们不是一个人、一个兵种，而是能多兵种联合作战的战斗集体，尽管还是小小的战斗集体！他们年轻的肩膀经过风沙打磨，变得坚硬，能够承当国家压给他们的重担了。八年前，刘慎谔、彼得罗夫、李鸣冈手把手一笔一画教他们临字帖，仿佛还是昨天的事，现在他们自己放手写了，就在这浩浩平沙上大书特书"向沙漠进军！"愿这些固沙植物快快长大。

他们陷入了深深的往事回忆中，伴着铁轨上的节奏，火车向北京行进了，向他们分别快一年的亲人行进了。蒋瑾想着她的孩子浩彦，孩子出生在巴彦浩特，父母都在沙漠里，不能照管她，三岁还走路不稳，不得已，托给奶奶了。刘恕在想她的爱人大田和孩子大宁，沙漠把她们分隔成牛郎织女，大宁全靠姥姥照顾。她们不知老人孩子身体可好？今年宿舍暖气热不热？摇曳的灯光照见她们脸上，时而浮出幸福的微笑，时而担忧地锁眉。作为女儿、妻子、母亲不能尽自己的职责，她们感到深深的内疚。亲人、孩子，对不起！请你们原谅。这是为了祖国的治沙事业，为了新兴的沙漠科学。

第十章
寂寞沙乡

　　"文化大革命"来了，试验停止了，浩劫的大沙暴摧毁了治沙人在这里画下的阿基米德的"圆"，残枝断梗暴露在烈日下，掩埋在沙堆里。待到沙暴即将散去，植被演替理论却被证实，这现象告诉了治沙人，道路是正确的。

劫　难

　　"文化大革命"的狂飙席卷全国，沙坡头和各地一样，被史无前例的最大政治沙暴搅得天昏地暗，科学试验站变成了"五七干校"，实质上是个劳改农场。站上全体工作人员编成一个连队，干体力活，每天跑到 5 公里以外去平整沙丘，修渠引水，淤沙种草，再翻压作绿肥。女同志和一些科研人员编成一个"科技班"搞后勤，给大家烧饭。科研工作停止了。

　　大老陈调走了，行李里藏着他的血汗结晶——各沙层水分等值线图，这是他最贵重的财产。其他人也想走，不能搞科研，生活还有什么意义呢？但又不忍心离去。这儿沙面上有他们呕心沥血集体创作的未完成的论文，还没见到大自然的评语，怎么能走开呢！再说也不能想走就走。于无奈中，石庆辉默不作声地积累资料，默默和大自然对话，记下沙坡头一带八十种植物的物候，什么时候萌芽、放叶，什么时候开花、结籽。二十年后他发表了这些难得的资料。"文化大革命"开始，李鸣冈预感到大难将临。他对司机胡正乾吐露自己内心的忧虑："这次看来在劫难逃了。"胡正乾安慰他："也许不至于吧，1957 年不是没事吗？"没过几天，胡正乾就挨了批评："觉悟不高。"

　　"文化大革命"前夕，1966 年春，沙坡头站接到下达的任务，要进行"小提水"试验，就是提黄河水灌溉造林。十年来走旱路还是走水路争论不休，不灌溉能不能达到固沙盖度，始终叫人放心不下。坚持走旱路的同志论证生物固沙是可能的，只是时间需要长些，到底几年，还说不准。这问题本来是科学问题，双方可以摆事实，讲道理，做试验，以平等的地位辩论。但是，"文化大革命"开始后情形变了，自然科学问题变成政治路线问题，不是平等争鸣，是一方以绝对威势压倒另一方，主张走水路的断言：守着黄河不提水浇灌，而走旱路固沙，是少慢差费的路线，走水路，提黄河水种乔木，才是多快好省的路线。过去李鸣冈总是据理力争，现在只能三缄其口，论科学，批判者不能令他心服，但政治上他却无力抗争。有些人的认识和科学实验难以避免曲折的过程，如沙丘能否种乔木；两种蒿子的配置；麦草方格规格大小等，被诬蔑为阴谋破坏，学习外国经验被诬蔑为崇洋媚外、里通外国，科学研究的路子被堵死了。

为了嘲弄知识分子"其实最无知"，造反派把李鸣冈揪到他引种的紫穗槐前面批斗。紫穗槐在章古台表现优良，生有根瘤菌可以固氮肥地，枝叶可以作饲料。1956 年，李鸣冈曾将它引种到沙坡头，头年成活率达到 73%。李鸣冈高兴极了，但是第二年特别干旱，保存率猛降到 29%，第三年雨水异常充足，但保存率没回升，反而下降到 19%，1956 年种百株，三年后只存活四株。1957 年种的，两年后存活的比例更低。李鸣冈十分惋惜，叫挖开根系，查找死因。终于弄清楚紫穗槐原生地湿润，适应不了干旱沙丘，以后就不栽植了。保存下来的紫穗槐由于营养不良，长成了可怜的小老树。这问题经过试验本来已经解决了。批判者却抓住不放，恶狠狠地嘲弄李鸣冈算什么林学专家，竟种出这样的小老树来。

试验站十年引种过五十多种沙生植物，有的成功，有的失败。紫穗槐引种失败，从苏联中亚引来的乔木状沙拐枣却成功了，怎能攻其一点，不及其余呢？李鸣冈面对紫穗槐，偷偷斜睨一眼周遭的花棒、柠条、沙拐枣，谢天谢地，它们都长得繁茂，顽强地挺立在风沙中，好像是在悄悄地抚慰培育他们的人："别难过，别灰心，我们活着，为你作证。"大批判伤透了李鸣冈的自尊心，但事实却激励他的自信心，帮助他在千钧重压下撑持下来。历史上不是有这样的先例吗？你们把布鲁诺放在烈火上烧，地球依然转。尽管批判吧，固沙植物在无灌溉条件下仍在长！只要不毁掉我的试验地，真理就在那里。

令他们万分痛心的、远远超过个人荣辱的不幸事终于发生了。走水路固沙不光是大批判中一个口号，而且变成了大规模的实际行动：拖拉机开进了试验区，横七竖八犁开了他们精心结扎的麦草方格和栽植的固沙植物；人们成群结队涌进来，平整沙丘，埋设输水管道，浇砌防渗渠道，他们精心培育的苗木、植物被挖出来，斩断截碎，弃置路旁，枝残梗断，尸骸枕藉，半埋在沙堆里，半暴露在烈日下，灰黄的麦草漫天乱舞，最后凄凉地沉落地下。

拖拉机在前进，10 米、20 米、70 米，犁刃一刀一刀剜他们的心，完了！完了！他们惨淡经营的试验地完了，一块块试验地是划分给各个科技人员负责的，都标着各人的名字，无论严寒酷暑，狂风扬沙，他们不知去过多少次，那是他们地上的试验室，他们心里的科学殿堂。现在人们横蛮地闯进来了，砸烂、扫光，无情地摧残他们的娇儿、爱宠，肆无忌惮地践踏他们的心灵。听着柴油机轰鸣，人声喧哗，他们的心战栗了，流血了。李鸣冈哀叹着：正像孩子搭积木，他想搭个理想的建筑，搭搭拆拆，千辛万苦，好容易要搭成了，他雀跃欢呼，大人过来，一顿呵斥，猛起一脚踹翻了。孩子没力量反抗，没地方申诉，他伤心怨愤，欲哭无泪。今天他的处境便是这样，使他想起两千多年前，几何学的鼻祖阿基米德在罗马兵破城被执时，他挣扎着呼喊："不要毁掉我的圆！"他置生死于度外，但求不要毁掉他的几何图——"圆"，"圆"高于一切。

阿基米德的"圆"就是李鸣冈的试验地。试验地是科研的档案，是他们和中卫人民的心血和汗水，是他们不能重返的青春，是他们最宝贵的生命，是祖国治沙事业的一个组成部分。毁掉这些试验地，就是推迟这伟大的新科学的发展时间！有朝一日重新开始试验，死去的植物不能复活，耽搁的时光不能倒流，这一切都无法弥补，无可挽回！他们经过十年艰苦，无数曲折才逐渐认识了腾格里这一角，才找到了治理它的办法。正当要实施他们的新方案，检验他们的理论时，却被拦腰截断了，正当他们攀登沙漠科学陡峭的山岩时，一个断裂层阻断了他们的进路。回想 1965 年冬，他们从沙坡头回北京路上，倚着火车窗口，望着新扎的层层叠叠的麦草方格，那豪迈情怀真不堪回首，世路有时比科学小径更崎岖多艰。1957 年，正当他们科研工作遇到挫折时，朱济凡讲过黎明前的黑暗，长夜漫漫几时破晓？他们望眼欲穿了。

曙　光

终于，东方现出了熹微的曙光。1973 年，周恩来总理病重，毛泽东主席又请出邓小平同志协助主持政务，时局有了转机，邓小平同志重视科研，冰川冻土沙漠研究所领导抓紧时机，以编书为名，把一些科研人员调来编书。让刘媖心等同志负责编写沙生药用植物，让赵兴梁等同志负责编写铁路固沙造林。虽然这些都不是什么专著，但是给了他们搞科研的机会，他们怀着回乡探亲的急切心情，直奔幸存的试验地，花棒、沙拐枣、柠条和油蒿别来可好？1965 年修改的设计，大自然是认可了，还是批驳了？他们对仅存的 1964—1965 年建立的人工植被进行了一次普查，当年他们曾试验过固沙植物的多种配置，其中以花棒、柠条、油蒿为主的五种配置最好，花棒、柠条长成高大的植株和灌木丛，配置在落沙坡的黄柳也枝叶茂密。整个投影盖度达到 30%，个别地方纯柠条的盖度竟达到 40%，就是说达到了合同规定的固沙指标，按一般沙丘固定的标准，沙丘上植被覆盖度小于 20% 是流动沙丘，20%—50% 的是半固定沙丘，大于 50% 就算固定沙丘了。高大格状沙丘的植被生存条件严酷，盖度能达到 30%，即半固定状态，已是难能可贵了，不可抱更高的奢望。十七年来他们朝思暮想，梦寐以求的目标实现了。

覆盖度 30%。他们简直不敢相信自己的计算，再认真校核一遍，没错。这么说，无灌溉条件下的植物固沙成功了，这一发现使他们又惊又喜，悄悄地彼此传告，感到莫大的鼓舞和宽慰。当旱路固沙被批得一无是处，持这种主张的人被弃置一旁时，大自然并没有停止工作，它不受干扰地照自己的规律运行，它无声地投了他们最有力的、决定性的一票。

李鸣冈高兴极了，他恨不能站出来大声宣告："你们快来看呀，走旱路固沙成功了。"他真想大笔一挥，把这发现报道出去，但是，文章往哪里投？他盼望把这好消息告诉支持过走旱路固沙的同行和领导，竺可桢曾说过："有可能成功，只是时间需要长些。"现在可以告慰他，需要十年（1964—1973年）。还有刘慎谔和朱济凡在关键时刻毫不动摇地支持他们，应当承认，成功是在刘慎谔指导思想下取得的。尽管李鸣冈和刘慎谔在工作上常常坦诚地争辩，甚至争得面红耳赤，但在坚持走旱路上，两人是一致的，现在如果能在一起庆祝旱路固沙成功有多好！真遗憾，七年间彼此不通音讯，生死茫茫。他多想告诉朱济凡：第一线曙光已经穿破云隙，照在试验地上，黑暗还会长久吗！他想起1959年和翁元庆、赵性存等人一起做总结时，热情期望三五年后林木郁闭，郁郁葱葱，想得太简单了些，但十年后确实达到了30%，证实生物固沙是可能的。他的思念飞到遥远的苏联，彼得罗夫在这里扎下了第一个麦草方格，提过不少好建议，沙坡头的成绩也有他的一份，在最艰难岁月他还给李鸣冈寄来一张贺年卡片，李鸣冈领会了他的深意。但是，怎能回敬？不可能，不可能，只有晚间躺在黑暗里，独自默默庆祝，就让它作为反驳大批判的答辩词，用黄色紫色花朵组成的艺术字，写在沙丘上吧，纵然无声，却最有说服力。

那次调查三年之后，1976年8月，在粉碎"四人帮"前夕，他们在1973年调查过植被的地方又做一次调查，结果大出他们意料，如果说上次是意外惊喜，这次却是意外震惊。植被覆盖度由30%急剧下降到20%，原来覆盖度几乎达到40%的柠条纯林下降得更猛。仅仅三年，试验地里竟发生这么大变化，小叶杨、沙枣几乎死绝了。黄柳、柽柳、小叶锦鸡儿和紫穗槐也奄奄一息，残存不足一半，连生命力最强的花棒、柠条也枝梢干枯。稀疏的花朵，颜色惨淡，强挣着绽开，又匆匆凋谢了，没留下果实、种子。原来种得不多的油蒿早已枯萎。草木也懂得感时忧国吗？治沙人目睹周恩来同志逝世、邓小平同志蒙冤被黜后国家的危机，正愁绪满怀，而今又面对这荒芜衰败的试验地，怎不触目伤心？二十年辛苦都将付与风沙吗？这打击太沉重了。

　　植被衰败的现象是怎么回事？他们锐利的目光在沙丘上下搜索，寻求答案。植物枯萎说明沙下水分不足，那 40 厘米下稳定的 2%—3% 还有没有？必须仔细量测，他们拨开植株下的干沙观察，呀！花棒根部薄薄的结皮已经能够用手揭下一小片了。有的地方，揭开皮，下面有极薄的一层细土，再往下才是黄沙，真奇妙，真有趣，大地的创伤经过它们植皮，已经开始结痂了吗？这结皮可得好好研究，包含什么成分，有没有固沙作用？

　　他们仔细观察，忽然发现这里、那里沙面上油蒿的新苗和幼株，杂在一年生草中，几年前成带状种植的油蒿已经枯萎，哪来这匀布的新苗？看来是老株撒布种子，繁育的新一代。油蒿能自行更新了，真令人喜出望外，就像老人看到刚出生的长孙那么高兴。油蒿没辜负刘慎谔的厚爱，它是唯一能自繁的固沙植物，他的预见应验了。

　　什么开始衰败？什么正在新生？他们苦苦思索，莫非就是刘慎谔向他们反复阐述的植被演替现象么？演替理论对他们应当说并不陌生，算得二十年老相识了。一朝理论化为现实，活生生站在他们面前，乍一看，竟认不出来了，多么可笑。因为他们模模糊糊地以为植被演替是遥远的事。想不到建立人工植被仅仅十年，演替现象就出现了。刘慎谔老先生站在此地沙丘上，向他们纵论植被演替，仿佛还是昨天的事，今朝都到眼前来。科学的预见呵，令人折服。

　　下一步怎样演变？还得实地观察。会不会自行演替到以珍珠、红砂为主的地带性顶极群落？植被衰退后固沙作用如何？流沙会不会再起？会不会影响行车安全？要采取什么措施？这是理论问题，也是关系到火车运行安全的实际问题，需要赶快开展研究工作。而这阶段的研究比起 1956—1966 年来，肯定会复杂得多，必须集中各方面的力量——水分、土壤、微生物、植物、造林、工程等，共同攻关。这任务再拖延不得，倘若北面流沙固不住，沙流滚滚而下，只凭"文化大革命"期间在铁路两侧栽植的杨树带，怎能阻挡得住！他们打心里焦急。但是，国事如斯，沙坡头站风雨飘摇，又怎样开展这项研究？他们殷切地盼望快快天晴，快快天晴。

第十一章
沙上热土

⬤◗

　　"文化大革命"结束了，治沙人队伍的血液也得到了补充。年轻的治沙人沿着老一辈指引的方向，开辟前路，在这沙海中创造了一个小小的绿岛。

重　建

这一天终于盼来了，持续十年之久的"文化大革命"终于过去了，满天黑霾渐渐消散，沙坡头重获新生。粉碎"四人帮"后，党中央拨乱反正，科技工作备受党、政府、人民的重视和关怀。1978 年 3 月在北京召开了全国科学大会，邓小平同志代表党中央在会上讲话，宣告"肆意摧残"科技事业、迫害知识分子的那种情景一去不复返了。

从北京吹来的春风融化了他们心头冰块，十年的是非曲直都得到了澄清，他们还要求什么呢？唯一的愿望是赶快弥补上这十年的损失，把祖国的科学事业推向前进。他们满腔热情迎接新中国成立以来的科学的第二个春天。

这年，科学院决定把冰川冻土沙漠研究所分为两个研究所，促进这两门新兴科学的发展。沙漠研究所成立后，仍把沙坡头站作为长期定位站，正式命名为"沙坡头沙漠科学研究站"，任务不限于防治铁路沙害，而是扩展到沙漠科学的其他领域。李鸣冈在"文化大革命"中受到摧残，年迈体弱，不能再主持沙坡头工作了。沙漠研究所先后任命王康富、赵兴梁为站长，他们都毕业于安徽林学院，是最早参加章古台治沙研究工作的骨干，有二十多年实践经验和丰富的专业知识。站上除了保留原有的杨喜林、石庆辉等人和又调回了陈文瑞以外，还补充了一批新人，如搞气象工作的李金贵等，组成了一支包罗各学科的能联合作战的队伍。

他们全力以赴，从头收拾凋残破败的沙坡头站，消除"文化大革命"的伤痕，恢复科学研究站的面目。并且，努力适应新形势和国际学术交流的需要，加紧建设和开展工作。1981 年，沙漠研究所和沙坡头站的领导同志，全面考察了人工植被被破坏的情况，制定出长期恢复、发展科研工作的规划。他们痛心地看到成千上万人几年辛苦织成的捕捉风魔怪的罗网已经百孔千疮，怪物从这里、那里冲出来，以加倍的疯狂，重新占领它失去的领地。铁路两侧 300 米处已经被风沙湮没了，丘顶流沙斑块东一片、西一片，活像癫痢头。四分之一世纪惨淡经营一风吹，怎不令人触目伤心！幸喜铁路南风小，保存较多，路北侧 200米内外，也残存一部分破坏较轻，比较稳定的试验地。这些仅存的试验地，包括 1956 年始建和历年续建的植被，面积虽小，可是无价之宝呵。但整个看来，要恢复十年破坏，工程浩大。

从何着手？建站头十年，他们基本上走旱路治沙，同时做些浇水试验。"文化大革命"期间狠批旱路而走水路，现在怎样走法？根据 1973年调查，有五种配置的人工植被覆盖度达到 30%，沙丘半固定了，证明 1964 年修改的设计方案基本上是可行的。但是 1976 年调查，发现人工植被正急剧衰退，前景未可预卜。无灌溉条件下植物固沙究竟行不行？还要不要重扎沙障？是改弦易辙，从头做起，还是在原来认识的水平上提高？这是他们面临的先决问题。

李鸣冈坚决主张继续试验旱路固沙，他殷殷叮嘱新任站长赵兴梁一定要坚持。赵兴梁认为 1973 年的调查，说明 1964 年的方案基本可行，只需要略做修改，缩小部分沙障规格，把 1 米×2 米的长方格一律改为 1 米×1 米的方格，固沙植物按最好的五种方式配置，油蒿能够自繁，应该加大栽植比例。旱路固沙有可能成功，不可半途而废。试验应继续做下去，原有的试验地全部恢复原貌，全部被毁的全部重建人工植被，部分被毁的部分补建。此外，在铁路北侧建立一块 300 米宽的试验样条，50 米×50 米一块，从南向北排过去，一共六块，作为观察、试验的基地。完成这番建设，他们就拥有 1956 年始建的近三十年的植被，1964—1965 年建立的二十年的植被，以及 1981—1982 年以后补建、重建的植被，这是一笔巨大财富，是一部写在沙面上的人工植被演替史。虽然有的章节残缺不全，但他们仍然可以读到人工植被由生长、繁盛达到极限，趋向衰退的全过程，探索演替的原因，预测发展的趋向，寻找新情况下固沙的对策，研究固沙的效果。

他们在风沙最前沿重建阻沙栅栏，绵延近两公里，设立各种孔隙度的栅片，测量栅栏两侧积沙状况和输沙量多少，选择最佳的孔隙度和埋设的形状，并且在沙堆上试种喜沙埋的植物，促使早日形成沙堤。过去他们侧重研究固沙，解决就地起沙问题，现在又进一步研究阻沙，把阻、固两种功能结合起来，构成完整的防护体系。

陈文瑞等人重新测量沙中水分动态。头十年，他主要测量裸露沙丘下面各沙层水分状况，现在要测量人工植被下面各沙层水分状况，将两者加以比较，找出植物演替的原因和发展的趋势。根据他们先后十三年实测的数据，格状新月形沙丘沙层下 40 厘米有稳定的 2%—3% 水分。1982 年重测，接连四年，发现种植不同的植被如花棒、柠条、油蒿的地段和混交地段沙层含水各不相同。植被建立越久，植物长得越大，耗水越多，沙下含水越少。一年四季沙层内含水量也不一样，变化幅度很大，春季植物先后萌发、抽条、开花，耗水很多，根须密集的根栖层内含水量下降到 1%—2%。这四季水分变化规律和裸露沙丘是一样的。但是经过秋雨补充，裸露沙丘 40 厘米下能恢复到稳定的 2%—3%，人工植被区却恢复不了。六七年的人工植被下，雨水能浸润到两米深，二十年的人工植被下，雨水只能浸润大约 1 米，测量深沙层含水量的时候，钻杆已取不出沙样了，因为沙太干散，不能凝结成块，一提就散落了。买个钻沙测水器械要几万元，还不适用。陈文瑞舍不得花钱，自己穷鼓捣，在钻杆上装了个小盖，取了沙样，拉动小盖，密封钻口，把沙样提上来。

人工植被区从地表往下 1 米深，沙层含水量随当年降雨多寡上下波动，1—2 米深，沙层含水量仅仅 1%上下，再往下稍湿润，从地表到 3 米这段空间原来保有稳定 2%—3%水分的沙层，现在平均含水量降到 1.5%以下了，3 米以下才逐渐过渡到 2%—3%的稳定含水层。原来 3 米内的那个大水窖沉下去了，水面降到 3 米以下。从沙表到 3 米深，这段空间变成生命禁区——可怕的死层。微乎其微的含水量已接近植物的凋萎度，不足养活它们了。密密的根须丛集在这沙层里，艰难地搜咂点滴的活命水，沙层越来越干，根须吸不到水，一天天枯干，丝丝缕缕无力地垂挂在沙中。植株失去了水源渐渐秃顶枯梢，靠消耗体内那点可怜的水分苟延残喘，最后熬不过，悄悄死去。就像有的沙漠历险记描绘的迷途的旅人，找不到水，五脏六腑都干焦了，血液也浓稠得流不动，最后成为干尸，僵卧在"死亡之海"中。沙层水分变化就藏着植被演替的谜底。

荒漠结皮

植被还将怎样演替下去呢？

为了预测人工植被区的演替现象发展趋势，他们进一步研究根栖层的水分平衡，算一笔流动沙丘和人工植被区水分的收支账。打个简单比喻，就像一个家庭计算现款收入、支出，看看是收大于支，还是入不敷出。格状沙丘的水分收入，包括年初沙层中的贮水量，好比头年结存下来的储蓄款，当年收入是降水量，支出包括全年沙面蒸发消耗掉的水量，年终存储下的就是在沙中的水量和渗漏到沙层深处的水量。人工植被区水分支出中，多了一项植物蒸腾耗水量。以沙坡头为例，年降水基本上是雨水，极少降雪，雨水落到沙面，蒸发成水汽，散入空中，大自然回收了它的赠予，其余渗入沙层，超过沙层所能保持的余水便渗入沙深处，或者溢出地表，如艾溪和通湖山等地的盐湖。

为测这些数据，他们又发扬"穷鼓捣"的精神，利用高差 5 米的天然地形，建造了一个"渗蒸池"，这是一个长 5 米、宽 2 米、高 3.4 米的大坑，装满沙粒，沙粒粗细和松紧程度都模拟天然格状沙丘，中间分隔成两半，一边栽固沙植物，一边不栽。四周密封不透水，下面修成漏斗状，填满过滤卵石，5 米下修个渗漏池和漏斗相连。这个池构成了裸露沙丘和人工植被区的模型，利用它量测年降水量和沙层年初和年终含水量（可算出年增加的含水量），以及沙层存不了而通过漏斗流入渗漏地的水量。换句话说，就是年收入、存储和结余，相差就是沙面蒸发的支出了。人工植被区收入相同，存储和结余都可以实测，支出包含蒸发和植物蒸腾耗水，蒸发已知，蒸腾很容易就算出来了。收支都能测算，水分平衡账就有办法算了。他们担心这个土设备不精确，又做了个有机玻璃的缩微模型，加以对照，两相校核，证明这土设备精确度合格。1983 年、1984 年连续实测的结果，表明平水年（年降水 200 毫米）和湿润年（多于 200 毫米）裸露沙丘收大于支，"略有节余"，沙层储水增加，湿年甚至有余水滴入渗漏池，而干旱年则支大于收，沙层含水减少，要靠挖库存弥补了。

在栽种固沙植物的畦中，由于植物耗水，平水年沙层含水增加甚微，赶不上裸露沙丘沙层含水增量的五分之一；干旱年亏损更多，植物越长大耗水越多，沙层贮水不断减少，"库存"逐渐挖空，沙层越来越干燥，他们 1956 年最早栽的植被下 5 米深处，每年贮水下降 23.6 毫米，水分状况日趋恶化，决定了植物生长不良，渐渐衰退死亡，覆盖度不断下降，演替过程在急剧进行中。原来裸露沙丘是淋溶型的，水落沙面就下渗了。人工植被区水下渗少了，变成非淋型沙地了。

为什么会阻水下渗？他们进一步研究铺在沙面上的荒漠结皮。

早在二十世纪五十年代末，他们就注意到天然固定沙丘、半固定沙丘和流动沙丘表面不一样：流动沙丘表面是均匀单一的细沙；半固定沙丘却有层薄脆的灰白色结皮；固定沙丘结皮厚些，呈棕灰色。他们在人工植被区同样找到了它——荒漠结皮，在新建一年的麦草方格四角也堆着薄如蝉翼、一触即碎的灰白结皮，三四年的麦草方格里结皮已发育到 0.3 厘米多厚，可以成片揭起，结皮下层仍是和流动沙丘上相同的沙子，除了微生物多一点，结皮层和沙土没显著区别。六七年的人工植被区结皮发育成约 0.6 厘米厚的紧密硬壳，十年以上的结皮长成近 1 厘米厚的小块，灰黑色，黏结紧密，不怕风蚀。在最早建立的已有二十四年的人工植被区里，结皮发育到约 1.2 厘米厚，质地紧密，抗风蚀性能较强，呈灰棕色，并且明显分开层次了。结皮下面第二层是棕灰色、有块状结构的土层，厚约 3 厘米，这就是土壤学上被称作 A0 层的，再下面仍是与流沙相似的黄沙。轻轻揭下结皮，分析一下物理、化学性质，粉沙含量大大超过流沙，物理黏粒也增多了，就是说它质地比流沙细，不像流沙粗松，有机质、磷、钾含量，易溶性盐和速效养分都比流沙区多，人工植被区的结皮和天然固定沙丘的结皮十分近似，和流沙地沙碛已明显不同了。沙正转化成土，流动的沙丘正趋向固定。沙丘披上荒漠结皮的铠甲，就不怕什么风沙的剑戟了，以往他们考虑沙丘固定的标准，只想固沙植物的覆盖度，没料到结皮有这么大的固沙作用。

结皮又是由什么构成的呢？它的物质从哪里来的呢？沙坡头一年一百几十场风，大风起兮尘沙飞扬，细细粉沙悬浮空中，气流在人工植被区遭到植物枝叶的阻挡、摩擦，分散成漩涡，力量抵消，速度降低，挟带的粉沙缓缓沉落，堆积在植物根部和周围，一场风暴一层沙，这就是构成结皮的细粒物质。地理研究所的专家黄秉维建议他们造一个尘埃观测塔，收集空中不同高层的尘埃。他们这样做了。在塔的各层悬挂收集匣，一个风季收集到半公斤尘埃，大约厚 1 毫米，化验的结果是人工植被区上空尘埃含粉沙量为流沙区上空尘埃含粉沙量的280 倍，物理黏粒相当流沙区的四十多倍。这说明人工植被作用下，细沙扬不起，吹扬起来的是比细沙更细的粉沙和物理黏粒，就地起沙的现象是大大减轻了。当人们从流沙区走进人工植被区时，会清楚地感到空气清新多了。

为了进一步探讨荒漠结皮的奥秘，1984 年秋，他们进行一次大规模的调查，实测人工植被区结皮层的厚度。在稳定试验区南北 390 米、东西 2250 米的范围，每隔 10 米调查一个观测点，足足调查了 7894 个观测点。统计的数字表明，植被建立长久的地方，沉落的土层也厚些，反之就薄。20 年植被区平均厚 2.5 厘米，植物根基部土层厚的竟然达到 5 厘米，新扎三年的麦草方格积土 0.5 厘米。

大自然怎样把散沙捏到一起？用什么法术把它们变成土？揭一片结皮放在显微镜下，你就会看到这小天地里活跃着一大群肉眼看不见的魔术师——微生物。1958 年，沈阳林土所的同志们曾讨论微生物和土壤肥力，以及植物生长的关系。这场讨论触动了刘慎谔，他联想到风吹日炙、干旱贫瘠的沙丘上有没有微生物？流沙上、半固定沙丘和固定沙丘上微生物数量、组成有没有差异？天然固定沙丘和人工造林地点微生物的组成和数量有没有差异？他请林土所副所长、土壤微生物专家张宪武去沙坡头做一次考察。1959年秋，张宪武和年轻的助手周崇莲前去调查这个问题。他们事先做了充分准备，取样的工具和盛样的铝盒都严密消毒，用胶布封口，防止失水。他们在沙坡头分不同类型沙丘采样三天，样品运回沈阳检测。

他们原以为那样高大赤裸的沙丘，草木不生，人迹罕至，大概微生物也难以生存吧？检测的结果使他们大为惊奇，那样贫瘠、干燥（含水量甚至只有千分之二点五的地方）的三类沙丘（流动、半固定和固定沙丘）上居然都有微生物存在，虽然数量极微。不但有普通的细菌、真菌、放线菌，而且他们还发现了铁菌。它们怎么跑到这里来了？它们是从哪里来的？是风带来的吗？是驼队带来的吗？这发现引起了他们探索的兴趣。以后又做了些调查，于1963年在科学刊物发表了他们的调查报告。这项研究后来由沙漠研究所的陈祝春和李定淑接着做。

她们发现经过二十年，沙丘上土壤微生物的状况发生了意想不到的变化，人工植被区沙表薄薄的一层新生沙土，竟是充满活力的微生物世界。以前微量的菌类匿居在沙下，躲避阳光紫外线的杀伤，流沙稳定，结皮形成后，多数菌类聚集在结皮层中，只有自生固氮菌等几种还隐居沙下，比二十年前，菌的数量大大增多了。人工植被建立越久的地方细菌越多，超过流沙几倍乃至几十倍，特别是在固沙植物的根部多。枯枝败叶和根的新陈代谢产物，为细菌繁殖提供了有机质，稳定的生存环境促进它们的活动，被二十年严酷环境磨炼得更耐干旱贫瘠了。菌类的腐化、硝化作用不断分解植物残体，加快土壤中物质转化，制造植物生长需要的无机盐，它们的菌丝、丝状体、残体和分泌物胶结沙粒组成固沙的网络，就像棉被的网套，兜住棉絮不再乱飞。正是这些肉眼看不见的魔术师默默地、顽强地把沙变成土。

更稀奇的是在这初生的不足一分镍币厚的沙质土中居然出现了蓝藻——地球上最早的绿色植物藻类中最简单、最低级的一类，但是在流沙上是找不到任何藻类的。新建的植被区有几种，二十年以上的找到了藻类——颤藻、席藻、念珠藻。厚 1 厘米以上的结皮层出现了藓类。藻类是低级植物，藓类却是植物进化过程中由水生到登陆的过渡性高等植物了。尽管攀上高等植物的阶梯，却从不被人高看，只卑怯地瑟缩在墙角阶下阴湿处。可是在荒漠人工植被区，它是引人注目的稀客。揭一片有藓的结皮层，放在表皿里，滴几滴水，刹那间，魔术师杯子的蒙布揭开了，黑壳一点点变成绿绒。移到显微镜下，一棵棵银叶真藓和尖纽扣藓就展现在眼下。银叶针藓，暗绿色植株上生着银灰色小叶。尖纽扣藓顶端有孢子囊，囊口扭紧螺旋似的封住，外面戴个小帽，孢子成熟时，小帽脱落，麻花松开，孢子就发射出来了。藓类挤挤挨挨，聚集在固沙植物根际，在植株间，它们分散成星星点点斑块，1 平方厘米的骰子大小面积上就有一二百株，它们的根茎和细土胶合在一起，成为凹凸不平的灰黑色斑壳，一遇到降雨，便倏地甩掉灰黑色隐身帽，抖开绿披风，转眼间，苍黄的荒漠铺上幅茸茸绿毯，报道死土复生了，使治沙人们又惊又喜。

随着沙变成土质沙，又变成沙质土，腐殖质逐渐增厚，天然植被上有的藜科、禾本科的植物也陆续光临人工植被区了。藜科的雾冰藜就是俗名叫五星蒿的来得早，最有趣是它的花被片，绿豆大小却生着圆锥形的五个尖角，恰似规则的五角星，它到处抛洒自己的小星星，想把广袤的荒漠变成浩瀚的银河。当纤秀的画眉草初次露面时，治沙人高兴地互相传告，人工植被区出现禾本科植物了，不知谁给它起了这么个雅致、形象的名字。暗绿或紫黑色的小花穗，真像唐代仕女画中微微上翘的眉黛。三芒草也来营造新居了，它分泌出一种胶汁，粘住沙粒做成笔套，把自己的根插在套里，像毛笔插在笔帽里，以保持湿润。沙葱也来了，它似葱却没葱白，一束束嫩绿纤细的碧玉簪，顶端镶着紫红色宝石碎花。猫头刺披着像缀满绦边的绿衫姗姗来到。最特别的是有一次雨后，蘑菇撑开了小伞。昔日不毛之地，二十年换了景观。1958 年制订造林固沙方案时，曾设想种树同时撒草籽，但是沙流未止，草长不了。而今他们的梦想接近实现了。

沙海中的绿岛

1984 年到 1985 年，他们进行了一次较大规模的植被调查，调查的面积包括南北 390 米、东西 50 米。这长条被划成六块，50 米一段，他们逐块调查植物的比例和盖度。二十年植被区水分减少到接近植物的凋萎度，不耐干旱的沙枣、小叶杨几乎灭绝了。喜沙埋的黄柳因为沙不流动而死亡，花棒、柠条挺不住，覆盖度已降到 5% 左右。唯有油蒿后劲大，由于能够自繁，覆盖度上升到 8%，草本植物随当年降水消长，平水年和湿润年覆盖度可以达到 20%，灌木、半灌木和草本植物三类相加，覆盖度达到 33%，即人工植被区最盛时同等水平。但是结构变了，由灌木（花棒、柠条）为主变为半灌木（油蒿）占优势，人工植被变成了人工植被和天然植被（天然生草）的混合体。下一步将怎样演变呢？会变成以天然生草为主，混合半灌木的天然植被吗？植被的演替他们是预见到的，刘慎谔从开始就反复讲过，当时还曾推测是否会演替到地带性的顶极阶段，以珍珠和红砂为主。刘老还画过一张演替图，可惜在"文化大革命"中丢失了。但是，人工植被会这样子向天然植被演替，三十年换一茬植被，却是他们没有预见到的，也正是他们今后要下大功夫研究的。

植被的变化、发展招引来各种动物，原来荒漠上动物十分稀少，只在天然植被区有些沙蜥蜴。植物稀缺，动物没食物也无法生活。如今情况起变化，研究站 1986 年特请兰州大学生物系师生到沙坡头做调查。他们在这地区内查明动物有三十多种，包括昆虫类、爬行类、两栖类、啮齿类、鸟类乃至食肉兽。食物链把他们联系在一起。干旱年，一株三年的花棒上，百多条古毒蛾抱着柱子大嚼，花棒根部沙蜥蜴瞪着眼，蟾蜍吐出舌，伺机捕食虫豸。株间沙蛇留下一道道行迹。鼠类在打洞，潜入地下贪婪地啃食植物根须，并且把吃剩的拖到洞深处存储起来，但当它们在洞口露面时，红隼出其不意俯冲下来，把它们叼走。在红隼的巢边，它骄傲地展示猎获物——一条跳鼠箭杆似的尾巴。更稀奇的是一只狐狸不知从哪儿探头蹑脚偷偷跑来了，大概是嗅到了鼠兔的气味吧。荒原上飞来了罕见的鸟儿，戴胜和凤头百灵偏着头，炫耀它们美丽的头饰，麻雀、喜鹊和白喉莺用各自的曲调歌唱新生的热土，过境的候鸟也惊奇地停在杨树高枝上，看一看沙海中冒出来的小小绿岛。

第十二章
走向世界

　　1977年的国际性防治沙漠化的会议后，沙坡头作为从"沙进人退"到"人进沙退"的典型例子，迎来了国外的专家科考，办起了国际讲习班，获得了世界的赞誉。

国际交流

沙漠科研工作刚刚从"十年冬眠"中苏醒过来，便被时代的潮流推拥着走向世界。中国年轻的沙漠科研工作在世界上还鲜为人知，但它一朝出现在国际沙漠科学讲坛上，便以自己的特色引起举世瞩目。1977 年 8 月，联合国环境规划署在肯尼亚首都内罗毕召开了国际沙漠会议。这是一次国际性防治沙漠化的重要会议，它根据大量的资料提出沙漠化威胁着全球三分之一地区和 85 000 万人口，必须充分认识沙漠化灾害的严重性和防治的紧迫性。会上提出了《向沙漠化进行斗争的行动纲领》，号召各国加强合作，推动国际学术交流等。出席这次会议的有世界各国的专家、学者和政府官员。

中国也应邀派代表团参加这次国际会议，成员包括中国驻肯尼亚大使及冰川冻土沙漠研究所的朱震达同志和刘恕同志。朱震达代表中国在大会上发言，他充满激情和自豪地简括介绍了新中国成立以来，政府领导人民治理沙漠取得的成绩。

中国戈壁和沙漠占国土面积将近七分之一，威胁着几千万人口。新中国成立前，沙区广大群众在饥饿线上挣扎，被风沙驱赶着颠沛流离，风沙步步进逼，人节节后退，在身后留下累累白骨和废墟！虽然人民顽强地同风沙斗争，积累了不少治沙经验，但在旧的社会制度下，终究无力战胜风沙。全国解放后，政府动员和组织人民治沙，挣脱了封建枷锁的人民以极大的积极性同风沙搏斗，保卫自己分得的土地。中国科学院受政府委托，组织专家、学者八九百人（包括科研和生产部门、高等院校的专家）深入各大沙漠考察，摸清了全国沙漠的基本情况。在中国北方建立了几十个治沙试验站和中心站，形成了科研的网络，结合当地生产任务，研究风沙活动的规律和治理的措施。他们认真总结群众的经验，上升到理论高度，再依靠群众加以推广，使中国治沙事业发展很快，在防治沙害保护铁路、农田、村镇和改造利用沙漠中有显著效果。一部分地区开始由"沙进人退"变为"人进沙退"，往昔凄惨的沙区变成了幸福绿洲。

他的发言赢得了出乎我国代表意料的热烈欢迎。深受沙害的发展中国家的专家、官员，仿佛感到一股从天外吹来的启人深思的清风，看到除了发达国家治沙措施外的另一条途径，从"沙进人退"到"人进沙退"，概括得简明、生动，得到不少与会者的赞赏。但是，怎样做到的，他们还不清楚。会下，他们纷纷找中国代表团交谈，询问详情，表示希望彼此交流经验，最后索性建议联合国环境规划署组织大家分批到中国实地考察和进行学术交流。这个建议被接受了。

朱震达、刘恕在二十世纪五十年代末、六十年代初曾先后在苏联学习过，但回国二十年，由于中国处于被封锁的状况下，与国外同行交往很少，能得到的书刊信息不多。参加这次会议，仿佛推开窗户，看到全世界沙漠科学研究和整治沙漠事业的动态和前景，知道了不但要致力整治好现有的沙漠，更要注意防止土地的沙漠化，形成新的沙漠。会议上提出的沙漠化定义、研究方法、研究内容对他们都很有启发，特别是《向沙漠化进行斗争的行动纲领》，使他们看到治沙事业和发展沙漠科学不仅对本国而且对人类的重要意义，因此，加强国际合作，促进学术交流是十分必要的。这次亲身的感受，使他们对 1978 年邓小平同志在科学大会开幕式上的讲话中讲到"要积极开展国际学术交流活动"的必要性，有了深切体会。

讲习班

1978 年，联合国环境规划署委托中国举办第一期国际沙漠化讲习班。中国承担举办这门学科的讲习班，中华人民共和国成立以来还是第一次。沙漠研究所的工作人员全力以赴，博得了参加讲习班学员的好评。后来又受托办了两期，并且接待亚洲和环太平洋地区经社会组织的沙漠考察团两次，实质也类似讲习班。参加这几期国际讲习班和考察团的有亚、非、拉美 31 个国家 86 人次。活动的方式都采取野外考察和讲课相结合，边看边讲，并开展学术讨论，同时交流经验。每期选择两个以上典型，通过分析比较，说明整治沙漠化必须从实际出发，根据具体条件，采取适当的防治措施。

每期讲习班考察的典型几乎都有沙坡头站，不是作为考察行程的起点，便是终点。因为这里建站最早，开展科研项目和成果比较多，积累的资料比较丰富，客人可以从这里看到新中国治沙工作的深度和广度，从某种意义上说，也是一部中国治沙史的缩影。因此，沙坡头站便成为历次讲习班的大课堂。它近三十年的工作为学术交流提供了重要材料，客人们对这一课表现出浓厚的兴趣，并且给予沙坡头站很高评价。

客人在留言簿上写下了热情友好的语言，赞扬中国人民对治沙的认识和科技人员的水平。"给我印象最深的是政府和民众的结合""发展中国家没有发达国家的财力、物力，治沙唯一有效的办法是依靠群众""中国人民对治沙有高度的认识，科技工作者有高度的责任心和水平""我们从中国的人民那里学到了很多东西，而这又是在别国不易学到的"。他们在各个治沙点上，无论是广东、福建防台风的海岸防护林，临泽的人工绿洲，还是内蒙古赤峰市的城市和农田防护林，奈曼旗发展的沙漠农业，都感到人民力量的伟大。到了沙坡头，仿佛更上一层楼，这里的浩大工程，比之年降水千毫米上下的华南造林，不知困难多少倍，就连搞过治沙大工程的苏联专家，也不禁由衷赞叹道："只有中国人勤劳精巧的双手才能够造出这样浩大的工程来！"新中国成立之初就敢于碰世界少有的沙区筑铁路的难题，胆识和气魄也使他们敬佩。

有的外国专家看到研究站早期使用的某些工具比较简陋，对他们工作水平产生了疑问。当站上取出 1956—1965 年的九年间按月测绘的格状沙丘 3 米深度内 14 个沙层含水量等湿线图，摊在他们面前时，客人仔细观看后，惊讶不已。测绘时一丝不苟的科学态度，艰苦奋斗的精神和坚忍不拔的毅力使他们感动了，站上系统研究固沙植物生态、生化、生理的特点，积累了大量数据，严格根据科研结果提出治沙方案，经过实践检验，保证火车运行安全。客人在沙区考察而感不到风沙，他们信服地承认科技人员的业务能力和水平。

美国有位教授在沙坡头考察时，听站上工作人员介绍生物结皮的形成，物理、化学成分及结皮层中间微生物群和隐花植物。他长期住在湿润地区，那里植物生长快，植物覆盖度大，生物结皮对于他还是件新鲜事，他很感兴趣地在二十年人工植被区揭下一块结皮，滴几滴水，睁大眼睛看它一点点现出绿色，沙正向土转化，沙漠化的"逆转"（恢复）活生生呈现在他眼前，他禁不住高兴地就地跳起舞来，还趴在地上拍了照片。

外国同行向沙坡头站介绍本国经验，他们用棕榈枝做沙障，障高 1 米，方格规格为 7 米×7 米。有的沙障是带状平铺草，用铅丝固住。客人对风沙前沿的栅栏排列形式取"一"字还是"之"字发表自己看法，建议有条件时，可以试验塑料板沙障。他们还提出要继续引进和试验一些新固沙植物种，否则一旦虫害发生，单一树种损失将特别严重，如古毒蛾啃掉很多花棒，杨树害虫几乎把灌溉条件下种的杨树剃了光头，他们在其他考察点上也发现类似情况。

他们考察了阻固结合，以固为主，机械固沙与生物固沙结合，以生物固沙为主的防护系统工程后，公认在年降水不到 200 毫米沙区，成功地实现无灌溉条件下植物固沙是一个创举。他们把中国这一套做法概括为"中国模式"。其含义是："政府与人民结合，专家与群众结合，科学为生产服务，生产促进科学。"发展中国家的专家对"中国模式"深感兴趣，西欧有的发达国家帮助非洲治沙，耗资多，收效小，也感到需要进一步结合非洲实际。想参考"中国模式"的意大利专家特地来中国，亲自到沙坡头考察。

学术交流的路越走越宽，赵兴梁也随学习班，去慕名已久的苏联地理学界的麦加——列别捷克站访问。赵兴梁曾翻译过不少苏联关于治沙的论文，通过亲自考察增添了不少实感。刘恕、刘媖心先后被邀请到苏联讲学。当幻灯打出沙坡头景观时，那细密整齐的草方格，有些看的人几乎认不出是从苏联直接传出去的了。刘恕流畅的俄语使他们很感亲切。两人的讲学都得到很好反响。苏联专家哈林和巴巴耶夫也先后访问中国，到过沙坡头。

历史上有些巧合。在第一个帮助中国治沙的三到沙坡头的苏联专家彼得罗夫离开中国四分之一世纪之后，他的高足、现在苏联治沙权威之一——巴巴耶夫又来到中国访问，由当年曾跟彼得罗夫走过不少地方，并向他学习过的刘媖心陪同。刘媖心深情地忆念当年彼得罗夫怎样热心地向大家介绍苏联治沙经验，怎样在中国同志艰难创业的时刻鼓舞他们的信心，她在连天沙障里寻找彼得罗夫踩下的第一块草方格，寻找他回国前告别腾格里、徘徊流连的地方。她引巴巴耶夫去看彼得罗夫赠的乔木状沙拐枣和头状沙拐枣，这两种已经适应本地环境了。巴巴耶夫激动地让刘媖心拍下照片，寄给彼得罗夫的儿子。沙坡头也曾投入彼得罗夫的智慧，在草创时期他已预见这里大有发展前途，他热切期望看到成果，以一个科学家的博大胸怀，任何国家沙漠学的成就，对于他都是莫大喜慰！尽管岁月流逝，沙丘上依然留有对他的友情，这一切都不会泯灭。在 1978 年科学大会上，邓小平同志说过，对于一切在科学技术上帮助过我们的国际朋友，中国人民衷心感谢他。

在沙坡头站的会客室里，坐着一位银发老人。站长又惊又喜地接待了这位中国人民的老朋友——路易·艾黎，想不到他年近九十，还不辞辛苦，到这僻远的沙漠小站来。他不是一般来参观的人。在那荆榛遍地的年代，他同情灾难深重的中国人民，特别是贫穷落后的西北人民，想帮助他们，他在甘肃办了培黎学校，培养技术人员，为发展生产创造条件。协同他办学的好友乔治·何克，就埋骨祁连山下。这次他重返西北，看到各地面貌一新，使他特别高兴，因此，他对沙漠站的工作很感兴趣。站在腾格里，他仿佛看到了撒哈拉，像当年同情中国人民一样，他关怀着全球饱受风沙之苦的人民。在留言簿上，他激动地写下了意义深远的题词："沙漠化是全世界重大环境问题之一，治沙是全世界的事业，谁为治沙做出成绩，就是为全人类做出贡献。"是的，打开"窗子"以后，他们广泛地吸取各国经验，开展新的试验，如化学治沙等。

国际合作

由学术经验交流发展到中外合作治沙，沙坡头发挥了它的作用。1985 年，尼日尔全国发展委员会的主席亲自率领一个代表团到中国考察治沙，磋商合作。他们光临沙坡头，谈到尼日尔三分之二国土为沙漠，风沙每年吞噬 40 000 公顷土地，他们迫切需要制止沙害，看到中国某些成功的经验，增强了信心，欢迎中国专家去尼日尔考察、讲学，他热情赞扬"你们不仅是为中国，而且是为人类工作。"

1987 年，联合国开发计划署受坦桑尼亚委托，特派官员到中国来考察和商谈合作治沙。他们也来到沙坡头，通过考察他们认为中国治沙技术还是有实力的，可以考虑试用中国经验，帮助有些发展中国家治理沙漠化问题，可能比采用发达国家的办法更节约。由联合国开发计划署安排一些项目，请中国承办，将所得部分报酬购置先进设备、仪器装备沙坡头站，使它成为理论联系实际的很好的培训基地。

日本鸟取大学名誉教授远山正英在沙坡头访问考察时，看到站上提黄河水淤灌流沙，施羊粪造成果园，种出了桃子、苹果和葡萄，沙地温差大，果子糖分高，味道特别鲜美。他不禁赞叹"黄河流沙大地宝"，由此萌生了一种想法，由他组织"协力队"，与研究站合资试办节水园艺。先试种葡萄，远山亲自传授先进的节水栽培技术，改变明渠漫灌、大量施肥的办法，力求用最少量的水肥产出最多合乎规格（糖分、粒径、耐存贮期等）的葡萄。节水可以降低成本，成本降低才可能为开发沙漠创造条件，帮助沙区人民致富。

自从联合国委托中国办沙漠化讲习班以来，沙坡头成为来宁夏的外宾考察、参观、游览的一个地点，不少阿拉伯国家客人来过，留下了美好的印象。

原来荒僻、鲜为人知的小站，现在搭起了友谊桥梁，广交五大洲朋友，在国际沙漠学界显示出自己的独特风格，赢得了好评。对外开放政策和国际学术交流，使他们有了深刻的体会。

第十三章
五代治沙人

　　三十多年，一代又一代治沙人在沙坡头奉献了青春和才智，在这里挥洒热血和汗水。他们把科研成果转化成了实际效果，在沙漠中建立了绿洲；一代代人前赴后继，传、帮、带，培养出了一批批年轻的人才，从沙坡头走往全国各沙漠，战斗着。

在 20 世纪 60 年代沙坡头站办公用房前的合影（从左至右：杨喜林、刘恕、陈文瑞、李玉俊和廖次远，1995 年）

四代治沙人

岁月流逝，沙面上人工植被盛极而衰，向着新质过渡，先锋植物隐退，后期植物接班，后期植物又将让位给后来者。大自然就这样前后相续，不断更新。沙坡头人也一代一代传递着接力棒。

三十多年前，十三位先锋骑着骆驼闯进腾格里，开辟新天地。小小队伍汇集着老、中、青三代人。两位领队刘慎谔和李鸣冈都已年过半百；两位中年骨干，刘媖心和张木匋四十岁上下，其余都是二三十岁的风华正茂的年轻人。之后由于事业的发展，科学工作的需要，人员调动，有的只短暂地工作一段时间，有的工作时间较久。新人、旧人，散而又聚，聚而又散，到底有多少人曾在沙坡头站工作过，没人做过精确的统计，粗略地划分一下，以十年为一代，可以说有五代人为它贡献了才智。

第一代生于十九世纪末、二十世纪初，半生在忧患中度过，饱尝政治黑暗和国家危难的痛苦，他们有着炽烈的爱国心，抱着科学救国、科学报国的理想。新中国成立，他们才看到祖国富强和科学发展的道路和希望。因此，他们满腔热忱，全心全意为建设社会主义服务。在学术上，刘慎谔有个远大理想——要为创立中国的地植物学派而努力，赶上国际先进水平，在世界各地植物学派间，为中国争一席之地。他认为中国发展地植物学有很多优越条件。

一、在党的领导下，依照"百花齐放，百家争鸣"的方针，我国的科学研究工作一定能飞速地发展起来。

二、以马列主义、毛泽东思想和辩证唯物主义的观点来指导科研工作，贯彻洋为中用、古为今用，自力更生、奋发图强的方针，走发展我国自己科学的道路。

三、学习群众经验。我国劳动人民有丰富的传统经验，是发展科学理论的主要源泉，我们要很好地学习这些经验，加以总结，提高到理论高度。

四、我国地大物博，寒带、温带、亚热带、热带皆具备，是地植物学研究的广阔天地。

五、社会主义建设的飞跃发展和宏伟规划给地植物学提出了很多需要解决的问题，从而给地植物学科的发展以巨大的推动力。

有了发展地植物学的客观条件，还需要学者们的主观努力，使理论走在生产前面，解决国民经济提出的一些迫切问题，如粮食问题、林业问题等。在流沙上建立人工植被也是运用这理论的一个方面。他寄希望于沙坡头这个长期定位站来检验和发展理论，积累经验，出人才。

刘慎谔是植物学家，李鸣冈专长林科，他们深感要治沙，只懂植物学和林学还不够，必须与有关的学科，如地理学、气象学、微生物学等，"协同作战，互相融合，你中有我，我中有你。搞生物的要走土壤的道路，搞土壤的要走生物的道路，学林的要走生态学的道路"，逐渐形成边缘学科——沙漠科学。刘慎谔说："沙坡头站应成为各学科活动的场所，要搞国际主义。""不能分大小学科，每个学科都是一个兵种，同等重要，应当互相尊重。"李鸣冈也正是这样抓工作的，同志们说他的上衣有两个大口袋，一个装土壤，一个装植物。

这一代遗留给后辈的学风是：安、钻、迷。就是安心、钻研、着迷。刘慎谔说他自己："一天不工作，脑子就不舒服。"他最不能容忍不动脑筋。"我走路、坐火车都在注意观察、都在想，车窗外植被就是观察的对象，但是，有的同志却视若无睹，毫无兴趣。凑在一起打扑克，将来你会后悔的。听李鸣冈说，有的同志上沙丘统计一下成活率，量一量新枝长短、粗细就回来了，不分析、不研究，这怎么行？要搞成个科学家，非冒汗不可，一天八小时成不了科学家。要苦学、苦练基本功，有的专家拿到一根纤毛也能辨认出是什么植物的，这就是采集标本的功夫扎实。外文是吸收全世界人类知识的重要工具。应当博采各学派之长，不囿于一家之见，弟子不必不如师。"刘老谈他同意米丘林的生物与环境辩证统一的观点，在遗传问题上，他却倾向摩尔根。他的法国导师侧重研究植被的类型，而他却侧重研究植被的演替，目的是研究植被的更新。他殷切地希望大家能继承、发展他的观点，纠正他的不足和错误。他记得周恩来总理说过，活到老、学到老、改造到老，谁若认为自己是完人，那就完了。

他们是这支治沙队伍的组织者、领导者、学术带头人，他们的爱国热忱、学术抱负和指导思想、严谨学风应当说是一笔珍贵的遗产。

第二代出生于二十世纪二十年代，他们青年时期是在抗日战争和解放战争中度过的。他们亲身经历过国土沦丧的颠沛流离、艰难困苦的生活和严酷的锻炼。因此，他们热爱祖国，要求进步，安于学业，继承了老一辈的严谨学风。在队伍组织工作和学术上起了承前启后的作用。

第三代、第四代十分接近。前者是二十世纪五十年代初，后者是二十世纪六十年代前后，离开学校走上工作岗位的。他们是新中国培养的知识分子，接受启蒙教育的第一课便是爱国主义和为人民服务。青年人富有朝气和远大理想，在时代气氛感染下，他们认为为祖国、为人民奉献是光荣的，追求个人名位和享受是渺小的。因此，祖国一声号召，他们可以奔赴任何艰难岗位。他们来到沙坡头的头三年，一心一意就只为完成祖国给的任务，其他都不考虑。渐渐他们认识到治沙的重要意义，体察沙区人民的困苦和治沙的热望，他们献身治沙事业的意志也愈益坚强了。他们各有抱负，有的梦想收回被风沙侵吞的大片国土，像守卫边疆的战士一样，保护祖国幅员的完整；有的梦想着给北国几千里风沙线，画一笔新绿，减轻风沙对华北的袭扰；有的梦想着改造、利用广阔的半荒漠地带，为国家添一笔财富；有的梦想着变"沙进人退"为"人进沙退"，让沙区贫困的人民享受绿洲带来的幸福。他们望见在一片霞光中，条条铁路穿越沙漠，连接西北和东南，铁路向西延续，直抵国境，使古丝绸之路以现代化面貌重现于今日。

第一代治沙人的"沙龄"大约十几年，第二代、第三代和第四代治沙人的"沙龄"就有二三十年了。长期同风沙摔打使他们身心都发生了变化，没接触过治沙人的很难想象。治沙人从温润的外地迈进干燥的沙区，第一关就是"流鼻血""脱层皮"，渐渐适应以后，又长出新皮，才能取得"沙籍"。在沙丘上做试验，或者从空中搜集尘埃，粉沙直往眼、耳、口，甚至鼻孔里钻，一身沾的沙尘比沙样还多；钻孔取沙，测沙层中含的水分，流的汗比沙里水还多；测植物蒸腾的水分赶不上测者自身水分的蒸发；有的实验要重复千百万次，别人看来平凡又枯燥，而他们却乐此不疲；有的实验要持续七十二小时，如果测得准，他们会兴奋得忘了疲倦。常人喜欢风和日丽艳阳天，他们却爱风狂沙暴好测试。别人都说沙漠生活苦，最好进城休息，他们却说城里待久了，浑身不舒服，快到沙漠里去吧，那样你就会忘记老之将至，忘记腰酸腿软，大家比赛爬沙丘，使你仿佛回到青年时代，又活力充盈，精神振奋了。现在第二代治沙人已退休了，第三代也陆续到退休年龄了。但他们不愿离开沙漠，不能在治沙事业一线工作就当顾问或者承当研究课题，退休后也要培养青年、著述和提供咨询。他们已经和治沙事业融为一体了。

他们中有些为治沙受伤，几乎送命，但只要活下来就还要继续干。治沙人都经过各种摔打，有的从马上摔下来，有的从骆驼上摔下来，不止一人，至今身上仍留有沙区给的特殊纪念——疤痕。骆驼是沙漠之舟，是沙漠中的主要交通工具。这畜生，看起来稳重、坚实，但一遇到白骨和白色的东西就受惊，毫不客气地把它的主人摔下来。如果被摔在沙漠腹地，没地方就医，伤员只能寄居在牧民帐篷里，待考察队回程时接走，往往耽搁治疗，伤势恶化。有两位就几乎因此送命。好在天意怜人，都是绝处逢生，在卫生院遇上无名的"神医"，捡回了性命，还保全了肢体，使他们依旧能在沙漠中奔走。他们又把二次生命献给治沙事业。

第三代、第四代治沙人是坚持沙坡头三十年工作的主力，在他们之中诞生了有正、副研究员和高级工程师等高级职称的十几人。他们成了各地治沙的骨干和领导。

榜　样

这里举几个代表性的例子。

石庆辉是一个海外归侨，在风沙线上扎根整整三十年，到沙坡头以后就没有变动，人家奇怪他为什么不以归侨身份要求照顾——进城，他的回答是："繁华城市可能使某些人迷恋，但不是祖国需要我的地方，祖国需要我治理沙漠，这里是祖国的宝地，是母亲身上一块肉，我能为治沙工作做点贡献，也就心安理得了。"这不是一句空话，有人因为在沙区工作，十年找不到合适的结婚对象，不得已放弃治沙，忍痛离开了。石庆辉却在中卫县找位姑娘，组建家庭，名副其实，以沙漠为家了。

王康富和蒋瑾是坚持在沙漠工作了三十年的典型的"沙漠夫妇"，

在沙坡头都做出了自己的贡献。王康富从章古台到沙坡头，又把沙坡头经验推广到京辽铁路线，接着开拓了奈曼旗的治沙点，还接受了国外的任务。他常对青年说："你们有志治沙为人民服务，欢迎你们到奈曼来，如果只是为了收集点材料，写篇论文，就大可不必来这里工作。"他自己正是这么做的，如若不是胸怀"为人民服务"的大目标，怎能坚持在沙漠工作三十年？他赢得了全国劳动模范的光荣称号。

而妇女能坚持在风沙第一线三十年更是难能可贵的。蒋瑾是苏州人，人们一提到苏州姑娘就容易联想到林黛玉型纤弱娇柔的女性。但蒋瑾却特别勤勉、能吃苦，她从安徽农学院毕业后，分到林场工作。她为了支持爱人王康富矢志献身治沙事业，自愿从江南来到西北。沙坡头的艰苦事业召唤着有才华、勇于献身的年轻知识分子，她刚度过蜜月又告别丈夫来到沙坡头，独自蹲在离沙坡头10公里外的毛茨滩林场育苗。这个酷爱事业甚于一切的年轻人，在沙坡头几乎过着苦行僧一般的生活。周末举办舞会，一般年轻人纷纷赶去参加，她却拴紧门，拨亮小油灯，读书翻资料。沙漠之夜，四周静悄悄，偶然一阵风，像挟带着什么，穿牖入户。这情景，一般妇女难免都会感到有点怕，但她是个好强的人，从不说怕，只专心致志看书和思索有关育苗问题。她要为生物治沙把好第一关——提供壮苗。

她培育的尽是些名不见经传的灌木、半灌木。书本上很难查到它们的脾性，要靠自己摸索，林场工人在技术上全凭她拿主意。她参加劳动，从准备苗床做起，施肥、处理种子、播种，小苗有的要晒，有的要遮阴，她定时观测，建立科学档案。这些小苗都是她的娇子，她精心培育，看着它们出生、成长，直到送它们出圃，还要跟踪了解它们在野外的表现。本乡本土的、国内沙区引种的、国外移植的各种珍贵植物种都是她手播的。中亚的沙拐枣种子处理很繁难，有次彼得罗夫到林场看到沙拐枣的壮苗，高兴地称赞她的技术好。

蒋瑾曾几次从死亡边缘擦过去。在医疗条件极困难的情况下，她发作过急性阑尾炎，发作过心脏病。还有一次最特别，她在林场时，每周要到沙坡头学习一次，她独自骑自行车沿着美利渠走，走着、走着，发生了晕水现象，像鬼打墙似的，心里明白，手却掌握不住车把，身不由己地朝渠里冲，直到渠边才刹住车，清醒过来，禁不住后怕。后来她在奈曼工作，也得到群众很高评价。

刘恕在转到政府工作前，曾被联合国环境规划署聘为防治沙漠顾问组的高级顾问。

五代治沙人中，代代都有妇女。最初到沙坡头的十三人中有两位女同志，以后人事更迭，替换上阵的每一代人中都有妇女。治沙这种岗位，不少男子都视为畏途，但沙坡头的女性们在这条道路上谁也不曾退缩过，而且干得很出色。

第五代治沙人

"文化大革命"期间，沙坡头的科研工作中断了，也没有补充新生力量，可以说治沙人在二十世纪七十年代出现了断代。第五代是二十世纪七十年代末至八十年代初参加工作的。他们进入沙坡头，遇到了和创业几代不同的小气候。当年为祖国埋头苦干，社会公认是光荣的，这一点精神上的支持不可小看。现在则不同了，不少人追求的是实惠和名位，埋头苦干被看作是无能和傻气，在这样的情况下选择治沙为职业，就比选择其他岗位要付出高得多的代价。这不仅是指要在物质和生活上吃苦的代价，而且包括精神上甘于寂寞、不为名誉地位所动的代价。看看前几代吧，李鸣冈蹲在风沙第一线十几年，发表许多论文，但入沙时是副研究员，一直没有晋升，直到病危，原冰川沙漠研究所的老领导施雅风赶来探望，向沙漠所提出，立即向中科院申请提李鸣冈为研究员，作为特例，得到批准，讣告中才用了这实际上是"追认"的职称，给生者以辛酸的安慰。刘媖心当年就是"闯荡沙漠的女将"，65 岁捧出她主编的三卷《中国沙漠植物志》时才被评上研究员，已过了退休年龄了。如果她站在讲台上或试验室里，可能要少受风沙的摔打，职称会来得快些，名位也可能会更高些。但他们从没动摇、懊悔，这便是榜样的力量。有人说自己志在乔木，不甘作小草；只愿作朱震达，不愿当陈文瑞。但沙坡头无灌溉条件下就不能种乔木，只能种灌木，不当陈文瑞，也当不了朱震达。不只沙漠学这个领域，就是社会也必须有分工。气象站在山巅，水文站在水涯，地质队在山野，艰苦的条件和沙坡头差不多，特别是有些国防工业更艰苦，如"两弹"工作人员，他们做出惊天动地、震撼中外的事，但他们却长久默默无闻。他们的奉献祖国不会忘记，人民永远感谢。

第五代是呛着对流风走上沙丘的。他们有时被朔风吹得摇晃一下，或者被粉沙迷了眼，但终于鼓着勇气走上来了。沙上传来他们的足音，有研究生、大学生，也有下过乡的知青。如李金贵，他原是兰州的知识青年，在当时那种"回城风"的旋涡中他被分配到了沙坡头。父母曾惋惜他没有留在兰州，城里的女友也和他吹了。他曾陷入深深的苦恼中，但经过严峻的思想斗争，看到前几代人的奋斗，他终于扎下了根，同石庆辉一样，他找了一个朴实的当地农村姑娘，在沙坡头安了家。这个只有高中文化程度的青年，颇有一股不甘落后勇于进取的精神。在向科学攀登的道路上，他边干边学，一丝不苟，每日往返气象台，把风向、风力、气温、湿度等，记录下来，风雨无阻，从不间断。在李金贵的气象报表上，从那一笔一画、严谨的数据中，仿佛看到了那悠长岁月的流逝和万象物候的变迁。他终于熟练地掌握了气象知识和观测技能，在沙坡头三十年纪念的日子里，他发表了关于沙坡头地区气候特征的论文。

比起前几代，第五代治沙人也许是较幸运的，他们受过良好的专业训练，多数是研究生和大学毕业生。他们适逢开放和改革的时代，学术交流、文化交往空前活跃；他们有前辈的指引和扶助，有几代奋斗所创下的业绩和基础；他们可以站在更高的起点上，向更高的目标迈进。当今世界，环境问题日益突出，治理沙漠这个难题摆在全人类的面前。沙漠科学正在突飞猛进地发展，第五代治沙人和沙漠学工作者任重道远，漫长的科学之路正期待着他们去攀登，他们前程远大。

同样让人敬佩的后勤人员

沙坡头的事业，也包括行政后勤人员的奉献。人们至今还怀念着当年的管理员刘楚卿。这是个默默工作不事声张的人，是个严谨细致、认真负责的人。他办伙食，没有人不满意，他统管三家（铁科院、设计院、林土所）的科研经费，从未出过差错。他还兼作采购员、保管员和勤杂人员，许许多多零碎繁杂的小事，都被他处理得井井有条，一丝不乱。沙坡头的司机们也不平常。麻凤山师傅原来是开水泵的，他看工作需要，自学开车。因为科研人员告诉他们，引进陕北、甘肃等地固沙植物幼苗，如果运输时间长，会影响成活率。麻凤山、胡正乾、苏润桂这些先后在沙坡头工作过的司机们，一个赛一个，想出各种办法飞车运苗，遇到什么沙丘该怎么开，用什么办法不陷入松沙，总结起来，足可以写一本沙漠行车记。同志们幽默地说："这比第二次世界大战隆美尔沙漠运兵经验还丰富哩。"

治沙事业是长年野外工作。沙坡头人一年中至少有九个月不在家，但他们从无后顾之忧。这原因就在于他们背后站着无名的好后勤——他们可敬的母亲和妻子们。

蒋瑾坚持工作到临近产期才回城，但孩子却过月才出生，刚满月，产假已经满期，她不肯请求续假，决心带孩子回去，但是工作和孩子怎么能兼顾呢？她婆婆体贴媳妇、爱孙女，抱起褓褓中的孙女随媳妇入沙。祖孙三代女性都在沙漠里，实在少见。

刘媄心一提到母亲，便充满崇敬、挚爱和感激。她和丈夫黄兆华，原来都在哈尔滨东北农学院教书，刘娱心分到沈阳林土所以后，就两地分居了。后来又到沙坡头，每年九个月出野外，全仗母亲操持家务，照顾女婿和外孙。老人虽然年迈才学文化，却深明大义，全力支持女儿的工作。一次，黄兆华受伤骨折，老人怕刘娱心分心，同女婿商量好，一起隐瞒，直到她冬休收队回家才知道。她多方寻找，才请到了一位中医治好了丈夫的骨伤。东北农学院向治沙队商调刘娱心，治沙队向农学院商调黄兆华，顾家还是顾事业，刘娱心思想斗争十分激烈，在人工植被上徘徊踌躇，去留两难。最后还是黄兆华让步，成全妻子，结束了这场持续七八年的拔河赛。这是个以妻子事业为重的难得的好丈夫。

刘恕的妈妈是教育工作者，她培养了女儿，再培养外孙，为他打下扎实文化基础，成为外孙最亲近的知心人。

李玉俊家穷，考上沈阳农校不容易，离家前，老脑筋的妈妈硬坚持为独子把媳妇接过门。他们新婚八天，李玉俊就去沈阳了，由于缺路费，三年寒暑假都不能探亲，毕业分配在沈阳林土所，偏赶上动员去沙坡头。他是团员，带头报了名，探亲又落空了。虽然写信讲明原委，妻子还是将信将疑，莫非到大城市变心了吗？是想离婚吗？她决心亲自去看个究竟。她找到沙坡头，亲眼看见铁路施工紧张繁忙，热火朝天。听了李玉俊的解释，疑团消除了。他们在老乡的一个堆破烂的茅棚里，续完了中断三年的蜜月，她带着信任和谅解回去报告公婆了。东方女性何等宽厚的胸怀呵！

还有一群好大嫂。她们干瘦的身躯，似乎长着三头六臂，一人顶三人地劳动，操持家务，养育子女之外还要劳动挣钱。无论妇女的活路（如纳鞋底）或者男子的重体力活（如在铁厂拉架子车），能揽到什么活干什么活。她们一天当两天用，黎明即起，到半夜还要挑灯夜战，挣钱买点清油、鸡蛋，忍心看孩子咽口水，也要留着等远人回来享用。一年到头苦熬、苦盼，只等那么几天，亲人一进门，她们就忙开了，洗洗涮涮、缝缝补补，然后大包、小包打点好，又该送他们出门了，剩下娘儿们自个奋斗吧。最为难的是生育没人照顾，就靠近邻相帮了。麻凤山的妻子有福，她头胎是丈夫接生的，住在麻黄滩龙王庙里，哪里去找接生婆呢？而且，产后也得不到很好照顾，恶作剧的大老鼠在婴儿脸上咬了个印记。

父亲顾不了家，治沙人的孩子早当家。十二岁的男孩就拿起爸爸的扁担，摇摇晃晃去担水，担满自己家小水缸，还要帮临产的隔壁婶婶挑几担。四岁的小姑娘就要帮产褥里的妈妈干活了，妈妈倚在炕头指挥，她一小把、一小把抓起柴草往灶洞填，一小瓢、一小瓢舀水倒在盆里，让妈妈淘米，熬一锅稠粥，母女吃两天。妈妈拿"灯芯草"当"拐棍"拄哩。她长大上学，每天放学就得照顾弟弟，好放妈妈出去劳动，挣钱贴补家用。有次，好心的老师来家访，本想劝妈妈让孩子多学点，不要落在全班后面，看了她家的情形，老师也张不开口。这样的基础怎能奢望在高考的严酷竞争中取胜呢？爸妈感到对不起孩子，她却说："那些年太苦了妈妈了，太难为妈妈了。"

谁能为她们唱一曲《十五的月亮》啊！她们为治沙事业确实做出了贡献。

还有他们的战友——铁道部门和林业部门的合作者，他们的好房东、好邻居——童家园子的老乡，凝聚成治沙的队伍，共同战斗。他们永远忘不了自己的战友，自己的乡亲。他们知道，自己的事业和成就里，始终凝结着这些战友、乡亲不可磨灭的奉献。

第十四章
三十年后重相会

从当初的十三位先锋，到现在的研究站点，经历了这一切的旧人回到了沙坡头，对这好奇的客人也前来参观。记录下这三十年历史的陈列室、色彩绚烂的果子、五色斑斓的菜园……献给献身于斗风沙的人们吧！

故地重游

　　1986 年，沙坡头沙漠科学研究站建立整三十年了。沙漠研究所决定举行一次学术讨论会来纪念建站三十周年，邀请合作建站和支援过研究站的同志们，以及国外同行前来参加，一起总结经验。名单一再压缩，还有六七十人。日期选在沙坡头一年最好的季节——金秋八月。客人们欣然来到中卫县，分批乘研究站的吉普车，沿着新修的土路，直驰沙坡头。进入沙区后，车子穿越起伏的沙丘、白杨林带和灌木丛，曲折向下，约一两公里路，来到黄河岸边，不远便望见一座油绿的铁栅门，衬着四周的黄沙，很是显眼——沙坡头沙漠科学研究站到了。

　　沙坡头旧人带着怀旧的心情，初次来的客人充满新鲜感觉，由主人陪同到全站参观、漫游。

　　研究站的房子是依黄河阶地，一排排渐次升高的。最低一层是个院子，进大门后，三面都是二十世纪六十年代建的试验室，其中有一间是为纪念三十周年新辟的陈列室，陈列着照片、图表和标本，从中可以了解到建站的全过程和工作概貌。陈列内容包括：研究站的地理位置和基本设施；地区自然特征；铁路防护体系建立的研究（包括工程措施与原理，生物措施与原理）；人工植被区环境变化；流沙地的改良利用；以及今后展望。

　　陈列室里挂着一幅试验站五千分之一比例尺的地图，标题是"腾格里沙漠东南沙坡头地区景观图（以中国科学院沙漠研究所试验站为例）"，图是在 1984 年绘制的。为了和现在对比，右上角嵌着一张二十世纪五十年代初拍摄的航空照片，小照片只截取沙坡头地区黄河小湾短短一段弧线，岸上有块指甲盖大的黑斑，那便是童家园子村。除此之外，全是虬曲紧密的波纹，像蛭石样充满孔隙，大地似乎在痛苦地痉挛，平行的山脉都皱缩成一团，集中到一起，直压到黄河岸边，要挤碎童子园子。若想弄清这些皱褶是什么，必须降低飞行高度，近些观察。皱褶放大拉开了，正是前一张照片上的高峰深谷，沙漠的真实形态，只有在高空鸟瞰，才能一览无余。这荒凉空旷的景观，便是腾格里这一角的本来面目。

三十年后，在这张空空荡荡灰黄皱纸上面绘出了又新又美的图画。最关键一笔是当中包兰铁路，沙坡头站内 1 公里铺设三股道，两侧两条翠绿窄带，是六七十米宽的用黄河水浇灌的林带，往外用绿水彩颜料渲染出六七倍宽的淡绿宽带，上面还密布褐色网络，这便是无灌溉条件下的人工植被带，最前沿画着细细的阻沙栅栏，构成了阻固结合、以固为主的防护体系。地图下方是深绿、浅绿交错的大片试验地，翠绿的是渠灌的引种区和果园、菜园、农业实验区；浅绿的是无灌溉条件和喷灌的试验区；最东头是 1984 年后新添的滴灌试验区；绿色背景中散布着鲜红的小方块和长方块，表示 3200 平方米的建筑物。这就是研究站的环境和概貌，作为野外站，初具规模了。

他们先从试验室、试验地看起，这是站的核心部分。有土壤理化试验室、沙地水分试验室、植物生态生理试验室、植物标本室和植物引种种子室等。就以植物引种这一项，看看三个十年工作的开展吧。建站初期，研究站没有苗圃，靠中卫林场支援，借地育苗，主要作无灌溉条件下的栽植和引种试验。三十年来，栽植乡土植物和引种国内外植物五十种，保存下来二十八种。

1965 年铁道部指示搞小抽水试验，他们开展了灌溉条件下的引种栽植试验，选育出适宜沙地造林的树种，并且为了保存种资源，移栽了阿拉善荒原的特有种、稀有种和残遗种。

二十世纪八十年代建成温室，利用对外开放的有利条件，引进外国沙漠地区植物三十多种，多数种类原生地属于热带、亚热带，不宜野外栽培，就先在温室试种，幼苗喜阴的一盆盆放在门前阴棚下；喜阳的就摆在露天里，盆上都插着牌子，写明它的学名、原生地和引来的年月。他们看到了远方稀客——生在美国的霍霍巴和牧豆树。植物引种种子室里，珍藏着从国内各沙区，以及从印度、阿尔及利亚、波兰、澳大利亚、西班牙、美国和苏联引进的植物种子近两百种。

1986 年建成喷灌试验区，用人工降水模拟我国不同气候带（较湿润和较干旱地带），种植各种类型的沙地植被。

他们体察到植物栽培试验工作不能停顿脚步，他们边看边思索：下一步将向什么方向发展呢？

他们乘车登上高出黄河水面大约 100 米的阶地，就望见前面耸立着一架十三四米高的油绿钢筋塔架，一层层挂着小铁匣，像古塔檐间挂的迎风作响的铁马。几十米外又立着一根十三四米的钢筋高杆，很像电线杆。沙区植被稀疏，不需要设立林区那样的防火瞭望台，这些杆、架是做什么用的，连老沙坡头人也弄不清。主人告诉他们，这是沙漠研究站独特的尘埃观测塔。悬挂的小铁匣收集不同高度随风一掠而过的尘埃，耸立的钢管好比是天梯，起风时，人带着保险带爬上去捕捉尘埃，抱着钢管，在气浪沙流中摇晃，就像抱着根木头在惊涛骇浪中浮沉，为取一克尘埃，要经过一番胆战心惊的拼搏。取得尘埃，要化验、分析它的物理、化学性质，研究它的来踪去迹。尘埃是沙表生物结皮的物质基础，研究沙成土的过程是重要的新课题。

沙丘移动年速度在 1958 年曾测过半年，"文化大革命"后，又进一步量测。因为丘顶、丘底不一样，丘顶西北风吹来向东南偏，东北风吹来向西南偏，摇摆不定，丘底移动缓慢。他们又重测整丘的移动速度，科研真是无止境呵。

离尘埃观测塔不远有个气象观测站。屋后小坪围着低矮的白木栅栏，地面放着测量日照温度的仪器，12 米高的测风仪在跟踪气流旋转。它不同于一般小气象台，有项特殊任务：要测全年浮尘、扬沙、风暴和大风日的次数。三十年前的第一个观测站，测风仪装在茶房庙顶阁上，和它是没法相比了。他们又看了利用天然地形建造的蒸渗池，用来研究人工植被的水分收支账，简单实用，能达到要求的精确度。参观触发了他们对往事的回忆。建站初期，他们为争取时间，自己创制一些土设备开始测试，三十年来，特别是近十年来，设备仪器大大充实了。

沙漠所为沙坡头投入不少，1963 年，竺可桢提出要求采用先进的试验仪器设备，如用风洞测量风沙活动；用电子显微镜观察植物组织结构，这些都实现了。沙漠所还举办了普及电子计算机知识技术短训班，纪念三十周年的科学报告和论文里，就包含使用这些工具测试的数据。但从现代化的水平看，沙坡头和国内有些研究站比，据说不属最先进之列，作为国际培训基地之一来看，更需要提高。继续发扬勤俭建站和"穷鼓捣"的精神，自己创制仍是必要的。同时，也可以考虑联合国开发计划署官员的意见，以承担某些国际治沙任务取得报酬来装备自己。要提高功效，必先利其器呵！

沙坡头沙漠试验研究站"中国北方沙区水量平衡自动模拟监测系统——
Lysimeter 群试验平台（2019）"

他们接着去参观对流沙地的改良利用。主人们说，这方面的研究开始于他们定居（1962 年）之后，1964 年平整沙丘，引黄河水淤灌，大量施肥，特别是羊粪。十年后，流沙地变成了紧沙地，种黄豆可以达到黄豆高产区的水平。二十年后淤成沙壤土，可以种蔬菜、水果了。陈列室有这些土壤的剖面土样，清楚地显示了沙成土的过程。但是成本高，主要是做科学试验用，产品丰富了治沙人单调的餐桌，苦涩的沙葱包子和刮肠子的萝卜汤成了笑谈了。二十世纪七十年代，他们的经验推广到中卫县的一些乡村，造成良田9000余亩，大受群众欢迎。

二十世纪八十年代修起了两级泵站，研究站大门斜对面的黄河岸边，大柳树丛里的一间精舍，白粉墙，绿栏杆，仿佛小巧玲珑的水榭，就是一级泵站。客人们都喜欢站在这儿，倚着栏杆，望黄河水悠悠东去。二级泵站在50米高处阶地上，很像半山上一间休息亭。从泵站辐射出条条水泥衬砌的渠道，血管样分布在纵横各1公里多的各种试验地上。泵站就是心脏，它不停搏动，汲取黄河宝贵的血液，注入大动脉、血管、微血管，流遍试验站周身，孕育出生命，渲染出绿色，为科研和生活增添风采。

看看水变化出什么色彩？在混凝土浇铸成的曲折回廊上面，垂挂着一串串淡绿色水滴样的马奶葡萄、淡绿浅紫小球似的巨峰葡萄、紫宝石般的玫瑰香葡萄，还有我们比较陌生的美洲葡萄。果园金秋最绚丽，半青半红的苹果和枣子，娇黄的雪花梨、长把梨和桃子，就这色彩已足以醉人了，还不要说那沙漠地水果的特有美味。菜园里色彩更浓，碧绿的豆角、黄瓜、甜青椒，深紫的茄子，鲜红的西红柿，亮黄的黄花菜，五色斑斓。

从果园菜地往西，便是一片新辟的中日合作葡萄试验园艺场，小畦矮架，精耕细作，和大畦漫灌的显然不同。主人解释说沙地培育葡萄，站上本已解决了，学习日本经验是为了提高一步，研究节约水肥和提高质量。淋溶性沙地，灌水很快下渗，沙坡头每滴水都是电换的，成本高是大问题，新的做法是把水肥集中施在葡萄根部，加多浇水次数，每次少浇，就像人多餐少吃，争取降低成本，再采取一系列措施，促使葡萄的糖分、粒度、保存期（以便运输）都达到一定程度。如果能过关，葡萄便可以从治沙人的餐桌走向市场，还可以向群众推广，帮当地群众致富。但是学习外国经验，不能照抄，譬如日本葡萄园不允许有一茎杂草，但是沙坡头没有草护住沙面，一夜风就可以打掉不少葡萄叶。因此，学习也是一个再创造的艰苦过程，现在还仅仅是开始，大家都祝愿能取得成功。

客人们从院子走上第一阶台，便是两排办公兼生活用房，部分住家属。三十年前他们初到沙坡头时，寄居在童家园子老乡的土屋里，一住就是七八年。有人因工作需要，两年没回家。家属也不能来，没个安身处。司机麻师傅的妻子随丈夫到沙漠中来，只好在两公里外麻黄滩的龙王庙暂且栖身，他们的长女就生在破庙里。大家搬到青砖瓦房安家，真是"出自幽谷，迁于乔木"了。他们高兴地在门前白杨树上挂个鸽舍，有几羽灰鸽迎着阳光旋飞。他们还利用居室外墙皮，围上铅丝，分隔成两间，一边露出白茸茸的长耳朵，一边伸出戴着红冠金绿披风的颈项。清晨一声报晓的长啼，惊破了大漠的岑寂。台阶上卧着两只狗，一只是黑白花大狗，也像主人一样好客，有时会轻轻舔一舔来访者的手，另一只是棕色的小狗，傻乎乎地，东嗅西嗅。但是，见到它们认为"可疑的人"，就狂吠不已。迎声会跑出一两个小孩子左右张望，沙漠中的陋室散发出多么温馨的生活气息！你可以感到他们以沙漠为家的深心。

　　二十世纪六十年代初，不少同志苦于长年在沙区，找不到对象，他们曾戏说，得组织个光棍委员会，帮单身汉牵线搭桥。如今大家都有了安定的小家庭了，使大家感到欣慰。另一方面又勾起了他们对往昔集体生活的回忆，借住童家园子的三间土屋，破窗椽筛进涛声、月色和风沙，早春冷得像冰窟，他们挤在一个炕上，穿一样工作服，吃一锅饭，一个目标、一样心思——完成国家任务。他们用团结友爱驱散孤寂，在科研中寻找乐趣，在文化生活贫乏的地方开展文体活动，办小报（在各治沙点间交流），为老乡办识字班。日夜紧张地工作和学习，刘慎谔、李鸣冈的严格要求，经常考核，使他们得益很多。回想起来，他们都说当年真单纯。那段生活像美好的童年，并在他们记忆中留下永不消逝的魅力。

　　历史不会重演，但对建设任务的责任心和紧迫感，浓烈的学习氛围和活跃的文化活动，仍然值得继承和发扬。在科技突飞猛进的二十世纪八十年代，不但业务人员要不断提高，就是行政、服务人员也应努力适应开放的环境，譬如学点外语。无论办国际还是国内讲习班，夜间寂静，正好开展点有益的文化活动，有利增进彼此的了解和友情，不使时间空过。主人建议到"沙坡鸣钟"一游。那儿已经辟为旅游点了，出大门向右拐，是他们已经消失了的旧居——童家园子村，房子拆光，残存的几间刷上白粉，改作小饭店了。鸣钟坡的坡上坡下新建一群仿古的、现代派的休息亭、小吃店和旅舍。艾溪水曲折地绕着花坛、果树流过。人们在这里享受滑沙的乐趣，从高高的沙坡滑下来，仿佛"从天而降"。倾听着耳际钟鸣，却不见钟在哪里。游人还可以乘羊皮筏子横渡黄河，到河中心的沙洲一览大河上下；或者骑上骆驼漫游、拍照，他们游兴未阑，还要进入试验地，登尘埃观测塔，放眼铁路两侧，试验地四周，远远近近黄绿分明，未经整治的沙漠和整治后的人工绿洲的分野，一目了然。

国内鸣沙胜景已属罕见，如内蒙古的响沙湾、甘肃敦煌的鸣沙山，但附近都没有这样浩大的治沙工程，这是沙坡鸣钟的特色。主人说头年5月，宁夏青年到这里春游，卡车成队，短程火车加开班次。沙坡上人山人海，熙熙攘攘，十分热闹。

来宾里有人感慨万端。过去，革命者常常把旧中国比作荒漠，他们立志要把荒漠变成自由幸福的花园。当时绝没有想到贫穷落后的西北沙漠一角，竟会真正变成了公园。1956年，他们初来时只想治沙护路，没料到又产生了另一个效益——可供旅游。但是也引起了新的忧虑，如果只追求短期的效益，不作长期考虑，每人滑一次就带下成吨沙子，被艾溪倾入黄河。年复一年，千百万人掏掘不已，不断掏空路基旁的沙地，这不是自挖墙脚，骑在树上砍树吗？听说主管旅游的人认为晚间风会自己把沙再旋上坡顶，但现在沙坡周围环境变了，沙半固定或固定了，这种说法需有科学根据。

沙坡鸣钟已经不堪负担了。三十年前，他们住在童家园子时，听得沙坡轰响，仿佛汽车马达声，就知道同志们回来了。而今沙坡暗哑了，游人要费力地脚蹬手划，才听得低沉的声音。这不是值得注意的信号吗？而且游人擅入试验地，漫不经心地践踏十年、二十年的沙表结皮，随手折断花棒、沙拐枣，掐一粒酸葡萄尝尝，骆驼也在柠条旁边留下蹄迹和粪便，他们没有意识到自己是在破坏科学实验，会造成无可弥补的损失，真使人痛心。追求短期经济收入，破坏长期科研工作，不能不令人忧虑。领导上只要有决心，解决并不难，铁路、科研、旅游协商一致，订出严格的管理办法，限制滑沙，进入试验区要分批，听导游指导（可以是业余的），看录像或幻灯片，向游客介绍沙漠知识和治沙史，这样就可以收到旅游和文化的双重效益。

他们登上了高出黄河水面约三四十米的平台，二十世纪八十年代在这层台上修建了一排新房，是为联合国环境规划署委托主办国际治沙讲习班而建的。要接待远客，标准比二十世纪六十年代高些。钢筋混凝土结构，大玻璃窗采光，两人一间的宿舍，放着软床、写字台、大衣橱，室内有盥洗池。这排房一头是屋内厕所，一头是太阳能淋浴室。这些设置在城市人看来未免过于简朴，但在沙漠里却是想象不到的。这排房中间有会议室和图书室，会议室可容三四十人，当中一张长桌，墙上挂着沙漠照片。图书室架子上层层叠叠摆着书刊资料。居室前设计了一道颇宽的走廊，大玻璃窗和架上的盆花使居室明亮、凉爽，还透着点儿秀丽。墙根栽着油松、樟子松。门前是宽宽的平台，靠外边一溜花坛，百日菊、万寿菊、锦葵、蜀葵和绿叶白边的银边翠、枝条纤柔的波斯菊，织成了五彩缤纷的锦带，装点着这"沙漠之家"。你也许感到讶异，这些普普通通的花草，怎么栽在沙漠里就会显得这么鲜艳动人！这排房正对一列宽宽的阶梯，两头立着用啤酒花缠绕的高高绿柱，挂着一串串淡绿的花朵。节日、庆典或者欢迎前来参加学习班的外宾时，就在绿柱间拉上一幅鲜红的横幅，写上欢迎标语，绿柱红楣，多么别致的彩门！让你刚踏上台阶，一抬头，不由得打心里欢喜！

这排房的东边新建了一间可容百人的会议室，外侧加几根水泥杆搭成瓜棚豆架，平添了几分庭园风趣。门前是宽敞缓降的台阶，黄昏坐在台阶上，可以欣赏西天的晚霞；落黑以后，可以利用下面一排房子的山墙作银幕放电影，这时又成了露天电影院。

如果把沙坡头站比作传播沙漠学和治沙经验的大课堂，教室就在这里。国际治沙讲习班在这里进行科学研讨，三北造林领导小组委托沙漠所办的讲习班也在这里学习讨论。这里还接受过 700 名大学生来实习和写论文。全国地理学会组织优秀中学地理教师到西北参观考察，就在这里听专家介绍情况，丰富了他们的教学内容。宁夏回族自治区科协曾举办一期沙漠专题夏令营，系着红领巾的男女队员高举少年先锋队队旗，列着整齐的队伍，跟站长赵兴梁到风沙前沿，听他讲治沙的故事。四分之一世纪前，竺可桢曾亲自为《少年报》撰稿，用生动易懂的言辞，介绍沙漠知识。他看到治沙事业要代代相传，因此寄希望于幼小者，如果他能看到孩子们真走到沙漠里来了，会向他们点头微笑吧。

他们在站上转了一圈，晚间，三三两两挤在一间屋里，对床夜话。谈起最初在没有路的地方找到背粮小道，发展到现在有了能通汽车的直达路，由第一间瓦房发展到现在初具规模的野外科研站、沙漠学大课堂、沙漠园艺场、别具一格的沙漠公园和沙漠新村。说老实话，沙漠是不适于人居住的地方。李鸣冈曾诙谐地说："沙者少水，漠者莫（没）水。"沙漠里缺水，风吹日炙，尘沙飞扬，渺无人烟。晋朝《佛国记》中写道："沙河（指沙漠）中多有恶鬼、热风，遇则皆死。"但丁在《神曲》中写道：第七层地狱有种刑罚就是强迫鬼魂在热沙上被烤。但是，却有人情愿入地狱，而且甘之若饴，他们不是要在沙漠中修炼的苦行僧，而是要从腾格里王国中夺取这块飞地，建起沙漠庄园、绿洲别墅，献给科学。他们满脸风尘，一襟汗渍，享受不到优裕的物质生活和文化生活。他们对生活、对美的感情早被风沙打磨净尽了吧？不，正相反，他们自甘艰苦和寂寞，正是出于热望天下人幸福；他们立志治疗大地的创伤，正是为了给人们创造个美好的生活环境！他们要把这单调、枯燥的地方，打扮得多彩多姿，使你在漫长沙路颠簸之后，恍若进入了海市蜃楼，怀疑是哪一座沙埋千年的名城复活了。在惊喜中，你慢慢品味到治沙人对生活、对美怀着何等深沉的爱！它感染着你，使你也爱上他们所爱的沙漠。

沙坡头现为国家 5A 级旅游景区

中国治沙模式

　　早晨，全体与会者聚集在首次启用的会议室里，他们面前放着研究站的总结报告和三十多篇赶印出来的论文和报告。总结报告题目为《沙坡头地段铁路沿线流沙固定的原理与措施》，从理论上论证了无灌溉条件下生物固沙是可能的，具体措施是建设以固沙为主，阻沙、固沙结合的防护体系。总结报告着重论述以固为主，阻固结合的防护体系的建设问题，沙障和栅栏在人工植被区的应用；核心部分是人工植被区中人工生态系统的形成和演变趋势；结尾简要讲了这项科研成果的生态效益、经济效益和社会效益。

　　专题论文与报告也先后交来三十多篇，从各个方面提供论据，支持总报告，就像一根根粗壮的水泥柱子支撑着平台，构成了坚实的系统。

　　与会者展开热烈讨论，无拘无束地提出问题，发表意见，总结经验，不限于学术性的，也包含其他方面，气氛活跃和谐。他们认为科学研究应当为生产服务，生产的需要比之十所大学对科研的促进力量更大，生产为科研提供了活动的大舞台和必要的物质条件，这是小小的试验室无法比拟的。若不是修铁路的需要，谁会提出这延续三十年的课题来？怎能取得今天的成果？实践能严格检验科学的成果，容不得半点含糊和虚假。生产对科学工作者是最大的动力和压力，激励他们的责任心和紧迫感。若不是为祖国为人民，谁肯到穷荒中来，一干三十年，白了少年头。当年有人担心接生产任务，会降低理论水平，搞多兵种联合作战，会湮没了自己的学科，但沙坡头的科研经历与成果说明，没理论做不了生产的先驱，基础理论十分重要，而最终目的仍在于应用，理论也需在实践中得到验证和发展。

搞应用科学的不提高理论就等同于生产，只强调学科而忽视生产的，发展前途也不大。地理、植物等学科共同承当治沙任务，发展了边缘科学——沙漠科学，也为本门学科开拓了新天地。他们对吸收外国先进知识与坚持自力更生的关系体会最深。最初他们对在沙区修筑铁路，缺乏知识和经验，苏联专家介绍他们的经验，对中国治沙提出建议，缩短了他们的认识过程。苏联还为中国培养了治沙的人才。改革开放后，沙漠科学工作者和外国同行交往频繁，有关的书刊、信息增多，国外的知识、经验给中国学者很大启发。如沙漠化问题、人工生态系统问题，中外学术交流发展与合作研究、合资研究、对外咨询等，对我国治沙事业和沙漠发展促进很大。但是，沙漠科学要在中国生根发展，必须依靠中国自己的科技队伍。短期考察、研究，中外可以合作，长期定位试验研究，外国人干不了。彼得罗夫说得好，要认识中国沙漠，还得靠中国专家，中国革命的经验说明，认识中国社会，解决中国革命问题，归根结底要靠中国人。要认识中国沙漠，寻找中国治沙之道，又何尝不是如此！1960 年，苏联专家撤走以后，是中国专家独立解决了铁路防治沙害问题。正是由于有了中国自己的专家队伍，做出了实实在在的成绩，才使外国学者乐于与中国进行学术交流、合作研究。相反，如果国内科研是一片空白，谁肯光临？闭门造车，发展不了科学技术，依赖外国，同样不能使科学在我国生根发育。随你出多少钱礼聘，除了怀抱国际主义理想的个别人外，会有哪个外国人肯到中国的沙漠里生活三十年？没有一支队伍，怎么治沙？学习普遍真理也必须结合本国实际才能发展，才能对科学做出自己的贡献，倘若只会照抄，算什么创造！

他们认为有一条经验十分重要，就是要改造和利用沙漠，发展沙漠科学必须各有关学科和部门合作。改造和利用沙漠是一项综合性非常强的任务，沙漠学是跨几门学科的边缘科学。沙坡头从建站开始就是铁道、林业、科研部门合作；科研、设计、施工合作；研究所、大学合作；自然科学者与社会科学者合作；现代自然地理学者和植物学者合作。大家在各门科技的结合上都下功夫，研究土壤的要研究微生物在沙成土过程中的作用；研究地貌的要研究风沙流动与植物生长的关系；研究林学的要研究植物与环境的关系。各科互相融合，你中有我，我中有你，融合而成新的边缘学科，正像植物杂交产生优良的新种。刘慎谔就是把历史、地理、植物融会贯通，提出了动态地植物学和历史地植物学。沙坡头固沙护路牵扯很多部门，铁科院、铁道设计院、林场、沙漠站各自做出贡献，生态系统的调查有兰州大学助了一臂之力，藻类、苔藓的检测依靠武汉水生物所和沈阳林土所的支援。固沙护路不是哪一家能够包办的，实实在在是集体智慧的结晶，共同努力的结果。

1959年治沙机构调整时，曾有一种撤销治沙站的主张：林学专业人员归植物研究所；地理学专业人员归地理研究所。但是中科院领导考虑到有必要发展这门边缘科学，就用治沙队把人才保存下来，条件成熟时成立冰川冻土沙漠研究所。后来冰川冻土和沙漠又各独立建所，这是治沙事业和沙漠科学发展迅速的一个重要原因，日久更显现出决策的远见。正像当年筑路防沙研究组组长翁元庆说的："沙坡头防沙研究是科研为生产服务的一个好榜样，回想昔年我们在艰难的环境中齐心合作，同甘共苦，那是多么珍贵的时刻，今天几个部门为了请奖而引起争议，真令人叹惜不止。只要实事求是，业务争论可以争鸣，不要影响合作。"下一步任务更艰巨，需要更广泛、更密切的合作，绝不是大功告成，彼此分手。

"政府和民众的结合，专家和群众的结合"，这是外国专家总结的"中国治沙模式"的特点之一。没有强大工业力量的时候，要建设巨大的工程只能依靠人力，若看到当年男女老少，骆驼、毛驴一齐上阵的情景，怎能不为之感动？解放了的人们为摆脱贫困，建设自己的国家和家园有这么大积极性，真难以估量。调动千军万马，组织生产、科技各方面力量，调整各方关系，"统率各路诸侯"，就靠党和政府的坚强领导了。

中国的一些科技专家也像中国的革命家，相信群众的创造力，乐于与群众结合，翻开竺可桢、刘慎谔的集子，处处鼓励科技人员要到群众中去总结经验，群众是智慧的源泉。甘肃河西人民创造的柴湾，也叫挡风墙，就是植物固沙。陕北等地巧设沙障，"前挡后拉"，可以借风力削低沙丘。他们也曾在沙坡头试验先削平丘顶，专家集中群众的经验，去伪存真，去粗取精，提炼升华，再交给群众，就成为巨大的力量。

他们深深体会到定位站的重要性和科研工作的长期性。最初签合同、接任务，三年为期，转眼十个三年过去了。头十年（1956—1965年），基本上解决沙坡头地段流沙固定理论和措施问题，表现在1964年修改设计上；第二个十年，人工植被发展到全盛，达到固沙（半固）标准；第三个十年，人工植被向天然植被过渡。如果1959年取消这个单位、停止研究，或者"文化大革命"后，不坚持在原有基础上继续前进，也不可能取得这在天然降水200毫米以下的地方，无灌溉条件下实现生物固沙的具有世界水平的成果，而受到国家的奖励。现在又到了关键时刻，是坚持研究，探索人工生态的奥秘，采取措施促进人工植被加快向天然植被过渡，或是采取措施，控制人工植被的演替？包括现在的认识，也还需要接受实践的检验。倘若满足于已取得的成果，认为已经能够长远保证火车运行安全，不再合作研究，而大自然是不停地按自己规律运行的，初步固定的流沙会不会反复？三十春秋沙成土，四十春秋会不会土成沙？也不能说绝对不可能。

关于流沙固定的理论和措施，完全可以有不同认识，在研究过程中这是正常现象。1964年，领导就解决得很好，各划一段试验地做试验，让实践裁决。如果是因为对这三十年工作的结论有不同看法，就停止研究，后果将是可虑的。沈阳林土所的凌研究员，不久前才从国外考察归来，他在国外看到一个有三百年历史的农业研究所积累的资料有很大权威性，甚至在一定试验地每年拍一张的照片都有研究价值。他认为，长期坚持确实是沙坡头站的一条成功经验。

治沙的一条重要经验是生态效益、经济效益和社会效益的统一。生态效益十分明显，往日风狂沙暴，而今相对说来风平沙静，空气清新，地表转暖，灰黑色的结皮吸收着阳光的辐射，沙丘由流动趋向固定，不毛之地有了人工植被，正在形成生态系统。环境的变化保证了火车运行畅通，据兰州铁路局细算，如果沙埋铁道，一昼夜国家至少将损失100万元人民币，这条铁路的经济效益很大。从社会效益看，沙坡头站成为传播沙漠知识和治沙经验的大课堂。沙坡头站还成了防治和开发沙漠的示范点，独特的旅游点。

与会的人们公认沙坡头站的一条重要经验是要培养、锻炼出一支品德、业务能力兼优的队伍。这支队伍应包含各级骨干，各学科专业人员以至行政、后勤人员。要培养好队伍，就得有"经师"、学术带头人，而且要代代相传不中断。

大家怀着钦佩感激的心情，思念先辈学者、学术带头人。今天他们工作能顺利开展，就是得益于学术带头人指点研究方向。二十世纪五十年代前期，各地治沙工作分散进行，缺乏统一指导，沙漠学研究还是"冷门"，中国科学院竺可桢登高一呼："向沙漠进军。"他指出自然灾害中风沙是大害，要征服沙漠，让它为人类献宝、造福。他组织全国大沙漠的考察，建立治沙站的网络，培养、锻炼了一支队伍，为治沙工作打下基础。二十年后，内罗毕发出同沙漠化斗争的号召，推动各国合作治沙，现在沙漠化已成为举世关注的环境问题。中国在原有基础上，很快适应了国际发展形势，走在治沙前列，做出了自己的贡献。这里就可以看到学术带头人的远见的作用。

三十年时间，沙坡头这大课堂培训出成批干部。他们经过严酷自然条件的磨炼，严谨科学作风的熏陶，已经撒播到国内一些治沙点，如奈曼、北京和黄淮海地区等，成为领导和骨干，并且走向国外承当任务。有人戏称沙坡头是沙漠所的种子库，在风沙线上到处可以碰到沙坡头人。

沙坡头的草长起来了

报告会结束了，他们循着黄河卵石铺砌的羊肠小径蜿蜒向上，察看无灌溉条件下的固沙区。过去沙丘连绵像迷宫，难辨方向，办国际讲习班时铺了这条路。两旁麦草沙障隔开一米见方的格子，一畦畦沙生植物，成带状生长着，一蓬蓬、一簇簇，有的正处在生长活跃时期，有的已经开始衰退，偶然也会看到早期栽下的长大不了的小老树。沙表上有些像锥子扎出的小孔，下面是沙蜥或鼠、兔挖掘的洞穴。年龄长的植被区，沙表带着若隐若现的灰绿色结皮像早春草地，遥看草色近看无。年龄短的植被区依然黄中透褐，就像一本彩印的编年史，摊开在沙表上。

　　一行人曲折行来，一里多路就接近风沙前沿了。荆芭或者板条编成的疏密程度不同的阻沙栅栏，呈"之"字形或"一"字形排开，拦住从北方奔袭而来的风沙，沙粒被阻，堆积在工事内外，慢慢形成一道沙堤，这就是沙都的界碑。里边是密密布防的防护带，外边是腾格里的一统天下，纵横交错的新月形沙丘链，浩浩荡荡，无边无际。大家站在沙都"城墙"上，极目远望，地球的沙漠腰带缓缓在他们眼前旋转过去。在中亚、南亚和非洲的一些大沙漠上，都留有沙坡头人的足迹。他们亲眼看到那些地方风沙为害，干旱、歉收、饥饿，人民渴望能抵御、制服风沙。他们耳边响起十年前联合国向全世界发出的与沙漠化做斗争的号召，他们又听到从大洋彼岸传来"地球在危险中"的拯救地球的呼吁。他们深深体会到国际主义者路易·艾黎说的："任何治沙的成绩都是对人类的贡献。"中国治沙人已经直接为非洲人民服务了，沙漠所曾派一支小队伍承当了在马里的任务。

　　放眼国内风沙线，原来他们只看到横亘北疆的巨大沙龙，现在沙龙已跃进黄河故道，洒下了几十万亩的荒沙，它甚至在长江边露出鳞爪，南昌惊呼沙龙逼近，云南、四川也发现了沙龙踪迹，漫长的海岸线也要防台风、固海岸，而治沙工作的领域竟也是这样广阔，这样紧迫。

　　包兰铁路的治沙经验，成功地推广应用到京通铁路。青藏铁路筑路前，固定沙地的植被遭到破坏，被囚禁的沙魔又窜出来了，沙夹着盐，植物固沙又遇到新问题。新修的从包头到神木、从神木到府谷的铁路紧贴着毛乌素沙漠，会不会出问题，还有待时间考验。从新疆传来勘探出石油和天然气的喜讯，这些能源宝库的门口都有凶恶的沙龙把守，必须制服它们，才能把宝取出来。

　　全球的治沙任务，艰巨的治沙任务，长远的治沙任务，在呼唤治沙人，期待更多怀有远大理想，不畏艰苦的优秀人才沿着沙丘脊线走上来。两鬓飞霜的沙坡头旧人望眼欲穿了。

他们伫立在风沙前沿，一边是"从天而降"的腾格里，茫茫沙海，一边是包兰铁路和防护体系的巨大工程，他们在这大自然和人间的分界线上徘徊思索，天地悠悠，人生何其短促，什么是人生的意义和价值？第一代治沙人，他们的前辈和老师，已完成历史使命，离开他们去了。第二代已经退下第一线，第三代多数即将退出第一线，但他们都没有停止工作。刘慎谔说过"生命就是工作"，为人民工作，就不虚此生。工作延续下去，生命就没有终止。他们鬓上青丝变成白发，不毛之地才泛出丝丝新绿，他们的心血汗水凝固了流沙，他们的足迹将长留在治沙史上和后来人心里，永不泯灭。为人类的幸福而奋斗，为把生命引入"生命禁区"，为把文明引入蛮荒，有什么比之更值得献身呢？这不是比个人名位享受崇高得多吗？沙坡头的三十年工作已得到同行的举世公认和好评。到过沙坡头的人中，尤其是外国人中，很多不知道刘慎谔和李鸣冈是何许人，他们只知道沙坡头，沙坡头就是刘慎谔、李鸣冈和所有曾为沙坡头出力者的总称、代名，甚至是中国治沙人的总称、代名，能为集体增光彩，使众人都引以为豪，不比个人的名声更伟大，更可贵吗？

第一代治沙人直到生命垂危，还牵挂着治沙事业，李鸣冈晚年渴望能到沙坡头看看。竺可桢年高体弱时派秘书代他去新疆开会，再三叮嘱回程途中务必到沙坡头看看。他卧床不起时，朱震达赶去探望，竺可桢关切地问道："沙坡头的草长起来了吗？"现在，可以告慰先辈了，沙坡头的草长起来了，人工植被正在向天然植被演替；沙坡头的人也成长了、成熟了，代代相接。三十年难得大团聚，将要分手了。主人请大家站在固沙植物前拍个照片，留作长远的纪念。

呵！花棒、柠条、油蒿、沙拐枣，你朴素无华、深藏不露、根底深厚、顽强坚韧；你索取最少；却奉献一切；你默默无闻，却欣然自得；你不羡慕种在名园，供人欣赏，却乐在天涯战风沙；你勇作先锋，功成身退，鞠躬尽瘁，死而后已，留得残骸犹固沙。你是治沙人战风沙的好伴友，是他们的知己，他们的爱宠，他们的骄傲，也是他们的象征！千百年来多少诗文颂扬青松、红梅的高洁，谁曾赞赏花棒、柠条的品格？朋友，不要说荒漠里只有风沙没有花，摘一束花棒、柠条，献给去世的、健在的，志愿献身于斗风沙的人们吧！

后　记

　　这本小书记述了沙坡头沙漠科学研究站三十年历史中的若干片断，只是他们事迹中很小很小的一部分，他们的科研成果已经得到国家的特等奖①，这是国家对他们工作的高度评价。我从他们这段艰苦创业的历史中，深深感到这是五代治沙人，包括他们的合作者、支持者乃至国际友人的智慧和劳动的结晶，光荣属于集体。当然各人的贡献可能有大小，但是无论大小都汇入整体，成为不可缺少的组成部分。我读有关文档和科学报告、论文，看到文章署名和提供材料的人很多，而我有机会见面交谈的不过二十来人。我不是记者，没有定出计划专访，只是"业余"利用各种机会，到沙坡头走走，与能找到的人谈谈，把所见所闻和读到的材料如实记下来。有些可能是无关宏旨的细事，但我不舍得丢弃，记忆将随时光淡去，搜集史料越来越难了。我想、我希望将来有人以他们为题材写一篇文学作品，细节或许有用。我要说明的是，小书中写到的人只是这个知识分子群体中很少的一部分，也许是机缘凑巧，我见到的不是按职位、职称、"沙龄"或者贡献大小挑选的。我怎么可能对他们的贡献大小做出评价呢？在我心中，他们都是可敬可爱的治沙人，或者叫沙坡头人。肯定还有许多对沙坡头有贡献的人，许多有意义的事迹，我没有收集到，没有表达好，那就待诸日后吧。但愿这块砖坯能引出美玉来。

　　在我同沙漠所同志的交往中，他们为人民献身的精神，对科学的热爱、韧性和毅力，深深感动了我，使我萌发了写作的愿望，尽管治沙于我是陌生的课题。给我鼓励，促我最力的是刘恕同志和朱济凡同志。我在朱济凡同志病榻前向他讲了书中大意，他殷殷叮嘱我要写大家——研究站集体和合作者、支持者，包括铁道部、林业部等部门同志们的劳绩，并且建议书名可以叫《沙都散记》。但是，他的事迹却是我从讣告上知道的，并在同

---

① 编者注：国家科学技术进步奖特等奖。

志们审核初稿后建议我写上的。遗憾的是，由于我的耽搁，这部书稿已不能请他最后过目了。

沙漠所领导朱震达同志、邸新民同志和其他几位同志，为我提供了参加有关会议的机会和许多书刊档案，为我审核事实。这本小书实际上是集体创作，我不过执笔而已。还有两位与治沙无关的同志——王鸣皋和谢昌余，也为沙坡头人的精神所感动，给了我热情帮助，才使它得以出版，均此致谢。

衷心欢迎批评、指正。

陈舜瑶

1989 年 2 月 13 日

第二版后记

陈舜瑶同志是甘肃省委宣传部原副部长。她随同宋平同志在甘肃工作期间，就十分重视防沙治沙、改善甘肃生态环境和沙草产业的发展。1989年2月，她为沙漠科研人员热爱科学、忘我工作、无私奉献的精神所感动，写下了《沙都散记》。书中翔实记述了沙坡头沙漠科学研究站关于草方格沙障的研究运用，和全体沙漠科研人员及几代治沙人历经三十年艰苦创业，献身治沙事业的感人事迹和奋斗精神。真实地体现了陈大姐尊重科学，关注西北，心系我国治沙事业的热切情怀和求真务实的工作作风。1984年，人民科学家钱学森院士的"沙草产业理论"提出以后，在宋老的大力倡导和积极支持下，"沙草产业理论由科学的战略构想步入了规模的群众实践"，并通过沙草产业的发展，从理论研究到实践应用，取得重大成果的艰辛努力中，探索总结出"多采光，少用水，新技术，高效益"的技术路线，为沙草产业理论的不断发展和完善作出了贡献。因此，在我们继续努力构筑沙草产业化的美好前景和纪念人民科学家钱学森院士《沙草产业理论》发表二十周年之时，再版《沙都散记》有着十分重要的意义。

《沙都散记》的再版时，得到了中国科协原副主席、甘肃省原副省长刘恕，甘肃省委副书记马西林，以及甘肃省科协、甘肃省沙草产业协会、甘肃省新闻出版局、甘肃人民出版社、甘肃教育出版社、中国科学院沙漠研究所、沙坡头沙漠研究站、武威治沙所等单位和领导的大力支持，在此表示感谢！

第二版编委会

2004 年 7 月

"大学科普丛书"

第一辑 12 个分册

《万年的竞争：新著世界科学技术文化简史》（刘　夙　著）

《德尔斐的囚徒：从苏格拉底到爱因斯坦》（李轻舟　著）

《在数字城堡遇见戈尔和斯诺登：江晓原科学评论集》（江晓原　著）

《眼睛的奥秘：看见自然的神奇与人类的智慧》（李　革　编著）

《天问：宇宙的探索与发现》（袁　位　主编）

《鹤舞凌霄：中国试飞员笔记》（徐勇凌　著）

《动物世界奇遇记》（汤　波　著　杨燕青　绘）

《极地征途：中国南极科考日记档案》（鄂栋臣　著）

《大国航空：从百年奋发到世纪辉煌》（张聚恩　著）

《塑料的世界》（魏昕宇　著）

《追问人工智能：从剑桥到北京》（刘　伟　著）

《火器传奇：改变人类历史的枪与炮》（钱林方　等　著）